Android实战基础教程

湖南爱博思科技有限责任公司

刘群　刘文　刘军　赵蒙　喻旅游　编著

西安电子科技大学出版社

内 容 简 介

本书主要介绍了 Android 开发过程中常用的知识点，包括四大组件中的 Activity、Service、Broadcast Receiver 以及自定义控件，详细介绍了 Android 开发过程中的重点难点，并给出了三个实际案例。

本书适用于有 Java 编程基础的学习者，可作为高等学校、高职高专及相关培训机构的教材。

图书在版编目(CIP)数据

Android 实战基础教程/湖南爱博思科技有限责任公司等编著.
—西安：西安电子科技大学出版社，2016.11(2018.1 重印)
ISBN 978-7-5606-4338-0

Ⅰ. ① A… Ⅱ. ① 湖… Ⅲ. ① 移动终端—应用程序—程序设计—教材 Ⅳ. ① TN929.53

中国版本图书馆 CIP 数据核字(2016)第 263774 号

策　　划　杨丕勇
责任编辑　杨丕勇
出版发行　西安电子科技大学出版社(西安市太白南路 2 号)
电　　话　(029)88242885　88201467　　　邮　　编　710071
网　　址　www.xduph.com　　　　　　　电子邮箱　xdupfxb001@163.com
经　　销　新华书店
印刷单位　虎彩印艺股份有限公司
版　　次　2016 年 11 月第 1 版　　2018 年 1 月第 2 次印刷
开　　本　787 毫米×1092 毫米　1/16　印 张　15.25
字　　数　362 千字
定　　价　32.00 元
ISBN 978 - 7 - 5606 - 4338 - 0/TN
XDUP 4630001-2
如有印装问题可调换
本社图书封面为激光防伪覆膜，谨防盗版。

前　言

　　移动互联网已经成为当今世界发展最快、市场潜力最大、前景最诱人的领域，而 Android 则是移动互联网上市场占有率最高的平台。

　　Android 技术应用范围非常广泛，智能手机、智能终端等越来越多的智能设备都采用了 Android 技术。科技的发展，使得 Android 技术应用领域迅速扩张，市场对于 Android 开发人员的需求也呈爆炸式增长。本书是为具有一定基础的 Android 技术人员编写的，主要介绍在实际开发过程中常见的知识要点，并结合这些知识要点引入相关案例，以便增加学习者的学习兴趣和学习能力。

　　由于编者水平有限，书中难免有不足之处，敬请专家和读者批评指正。

编　者
2016 年 5 月

目　录

第 1 章 Android 应用开发环境

　　Android 系统已经成为全球应用最广泛的手机操作系统，三星、摩托罗拉、HTC 等手机厂商早已通过 Android 取得了巨大成功。目前国内对 Android 开发人才的需求也在迅速增长，而且搭载 Android 系统的手机越来越不像"手机"，更像是一台小型计算机，因此手机软件必将在未来 IT 行业中具有举足轻重的地位——你不可能带着一台电脑到处跑，而且时时开着机，但手机可以做到。从发展趋势上看，Android 软件人才的需求会越来越大。

　　本书所介绍的平台是 Android4.2 平台，该版本的 Android 平台经过几年的沉淀，不仅功能强大，而且高效、稳定。本章主要介绍 Android 应用开发环境，既包括 Android SDK、Android 开发工具的安装步骤，也包括 Android 提供的 ADB、DDMS、AAPT、DX 等工具的使用方法。这些工具是开发 Android 应用的基础技能。

1.1　Android 的发展和历史

　　Android 是由 Android 公司的创始人 Andy Rubin 创立的一个手机操作系统，后来该公司被 Google 收购，而 Andy Rubin 也成为 Google 公司的 Android 产品负责人。Google 希望与各方共同建立一个标准化、开放式的移动电话软件平台，从而在移动产业内形成一个开放式的操作平台。

1.1.1　Android 的发展和简介

　　Android 1.0 手机操作系统是 Google 于 2007 年 11 月 5 日发布的，这个版本的 Android 系统并没有赢得市场的广泛支持。

　　2009 年 5 月，Google 发布了 Android1.4，该版本提供了一个十分"豪华"的用户界面，而且提供了蓝牙连接支持。这个版本的 Android 吸引了大量开发者的目光。接下来，Android 版本更新得较快，目前最新的 Android 版本是 7.0。

　　目前 Android 已成为一个重要的手机操作系统，除此之外，市场上常见的其他手机操作系统还有：

　　● iOS：Apple 公司的手机、平板操作系统，市场占有率较高。

　　● WindowsPhone：Microsoft 公司的手机操作系统，2012 年发布的最新版本为 WindowsPhone 8，但应用前景依然不够明朗。

　　● Symbian：已经放弃，基本被淘汰。

- BlackBerry：即将被淘汰。

从 2008 年 9 月 22 日，T-Mobile 在纽约正式发布第一款 Android 手机——T-Mobile G1 开始，Android 系统受到各个手机厂商的青睐。

2010 年 1 月 7 日，Google 在其美国总部正式向外界发布了旗下首款合作品牌手机 Nexus One(HTC G5)，同时开始对外发售。

目前 Android 系统的市场占有率已经远超 iOS。WindowsPhone 作为最后的"赌注"，Microsoft 自然是全力以赴，希望至少能够与 iOS、Android 三足鼎立，但目前局势似乎并不乐观。因而无论从哪个角度来讲，Android 都已成为最主流的手机操作系统。

目前国内手机厂商主要生产 Android 操作系统的手机，因为 Android 手机平台是一个真正开放式的平台，无需支付任何费用即可以使用。出于自身研发费用的考虑，不管是对于知名手机生产厂商，还是大量的"山寨"手机厂商，Android 操作平台都是一个不错的选择。

目前，已发布搭载 Android 系统的主要手机厂商包括摩托罗拉、三星、HTC、索尼爱立信、LG、华为、联想、中兴等。

1.1.2   Android 平台架构及其特性

Android 系统的底层建立在 Linux 系统之上，该平台由操作系统、中间件、用户界面和应用软件 4 层组成，采用一种被称为软件叠层(SoftwareStack)的方式进行构建。软件叠层结构使得层与层之间相互分离，各层有明确的分工，这种分工保证了层与层之间的低耦合，当下层的层内或层下发生改变时，上层应用程序无需任何改变。

图 1.1 显示了 Android 系统的体系结构。

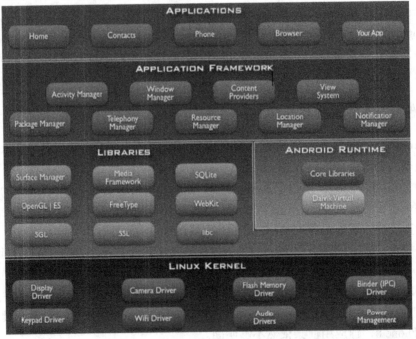

图 1.1

从图 1.1 中可以看出，Android 系统主要由 5 部分组成，下面分别对这 5 部分进行简单介绍。

1. 应用程序层(APPLICATIONS)

Android 系统的核心应用程序，包括电子邮件客户端、SMS 程序、日历、地图、浏览器、联系人等。这些应用程序都是用 Java 编写的。本书所要介绍的主要内容就是如何编写 Android 系统上的应用程序。

2. 应用程序框架(APPLICATION FRAMEWORK)

当我们开发 Android 应用程序时，就是面向对象的应用程序框架进行的。从这个意义上看，Android 系统上的应用程序是完全平等的，不论是 Android 系统提供的程序，还是普通开发者提供的程序，都可以访问 Android 提供的 API 框架。

Android 应用程序框架提供了大量 API 供开发者使用，关于这些 API 的具体功能和用法将在本书后面详细介绍，此处不再展开阐述。

应用程序框架除了可以作为应用程序开发的基础之外，也是软件复用的重要手段，任何一个应用程序都可以发布它的功能模块——只要发布时遵守了框架的约定，其他应用程序都可以使用这个功能模块。

3. 函数库(LIBRARIES)

Android 包含了一套被不同组件所用的 C/C++库的集合。一般来说，Android 应用开发者不能直接调用这套 C/C++库集，但可以通过它上面的应用程序框架来调用这些库。

下面列出一些核心库。

- ➢ 系统 C 库：一个从 BSD 系统派生出来的标准 C 系统库(libc)，并且专门为嵌入式 Linux 设备调整过。
- ➢ 媒体库：基于 PacketVideo 的 OpenCore，这套媒体库支持播放和录制许多流行的音频和视频格式，以及查看静态图片，主要包括 MPEG4、H.264、MP3、AAC、AMR、JPG、PNG 等多媒体格式。
- ➢ SurfaceManager：管理对于现实子系统的访问，并可以对多个应用系统的 2D 和 3D 图层机提供无缝整合。
- ➢ LibWebCore：一个全新的 Web 浏览器引擎，该引擎为 Android 浏览器提供支持，也为 WebView 提供支持，WebView 可以完全嵌入开发者自己的应用程序中。本书后面会有关于 WebView 的介绍。
- ➢ SGL：底层的 2D 图形引擎。
- ➢ 3Dlibraries：基于 OpenGLES 1.0 API 实现的 3D 系统，该套 3D 库既可以使用硬件 3D 加速(如果硬件系统支持)，也可以使用高度优化的软件 3D 加速。
- ➢ FreeTye：位图和向量字体显示。
- ➢ SQLite：供所有应用程序使用的、功能强大的轻量级关系数据库。

4. Android 运行时(ANDROID RUNTIME)

Android 运行时由两部分组成：Android 核心库集和 Dalvik 虚拟机。其中核心库集提供了 Java 语言核心库所能使用的绝大部分功能，而虚拟机则负责运行 Android 应用程序。

提示：Android 运行时和 JRE 有点类似。就像疯狂 Java 体系的《疯狂 Java 讲义》一书中解释的，JRE 包括 JVM 和其他功能函数库；而此处的 Android 运行时则包括 Dalvik 虚拟机和核心库集。

　　每个 Android 应用程序都运行在单独的 Dalvik 虚拟机内(即每个 Android 应用程序对应一条 Davlik 进程)，Dalvik 专门针对同时高效地运行多个虚拟机进行了优化，因此 Android 系统已方便地实现对应用程序进行隔离。

　　由于 Android 应用程序的编写语言是 Java，因此有些人会把 Dalvik 虚拟机和 JVM 搞混，但实际上二者是有区别的：Dalvik 并未完全遵守 JVM 规范，两者也不兼容。实际上，JVM 虚拟机运行的是 Java 字节码(通常就是.class 文件)，但 Dalvik 运行的是其专有的 dex(Dalvik Executable)文件。JVM 直接从.class 文件或 JRE 包中加载字节码然后运行，而 Dalvik 则无法直接从.class 文件或 JRE 包中加载字节码，它需要通过 DX 工具将应用程序的所有.class 文件编译成.dex 文件再运行。

　　Dalvik 虚拟机非常适合在移动终端上使用，相对于 PC 或服务器上运行的虚拟机而言，Dalvik 虚拟机不需要很快的 CPU 计算速度和大量的内存空间，它主要有如下几个特点。

　　➢　运行专有的.dex 文件。专有的.dex 文件减少了.class 文件中的冗余信息，而且会把所有.class 文件整合到一个文件中，从而提高运行性能；而且 DX 工具会对.dex 文件进行一些性能优化。

　　➢　基于寄存器实现。大多数虚拟机(包括 JVM)都是基于栈的，而 Dalvik 虚拟机则是基于寄存器的。一般来说，基于寄存器的虚拟机具有更好的性能表现，但在硬件通用性上略差。

　　➢　Dalvik 虚拟机依赖于 Linux 内核提供的核心功能，如线程和底层内存管理。

　　5．Linux 内核(LINUX KERNEL)

　　Android 系统建立在 Linux2.6 之上。Linux 内核提供了安全性、内存管理、进程管理、网络协议栈和驱动模型等核心系统服务。除此之外，Linux 内核也是系统硬件和软件叠层之间的抽象层。

1.2　搭建 Android 开发环境

　　在开始搭建 Android 开发环境之前，笔者假定读者已经具有一定的 Java 编程基础，像 JDK 安装、环境设置之类的入门知识不在本书介绍范围内。如果读者暂时还不会这些知识，建议先学习 Java 入门知识。

　　下面将从 Android SDK 的安装开始，详细说明 Android 开发、调试环境的安装和使用，这些内容是 Android 开发的基础。

1.2.1　下载和安装 Android SDK

　　Android 的官方网站是 http://www.android.com，登录该站点即可下载 Android SDK。下载和安装 Android SDK 的步骤如下：

(1) 登录 http://developer.android.com/sdk/index.html 页面，点击最下方的 DOWNLOAD FOROTHER PLATFORMS 链接。

(2) 找到页面上的"android-sdk_r21-windows.zip"链接，通过该链接即可下载 Android 4.2 SDK 压缩包。

(3) 下载完成后得到一个 android-sdk_r21-windows.zip 文件，将该文件解压缩到任意路径下。解压缩后得到一个 android-sdk-windows 文件夹，该文件夹下包含如下文件结构：

- Add-ons：该目录下存放第三方公司为 Android 平台开发的附加功能系统。刚解压缩时该目录为空。
- Platforms：该目录下存放不同版本的 Android 系统。刚解压缩时该目录为空。
- Tools：该目录存放了大量 Android 开发、调试的工具。
- AVDManager.exe：该程序是 AVD(Android 虚拟设备)管理器。通过该工具可以管理 AVD。
- SDK Manager.exe：该程序就是 Android SDK 管理器。通过该工具可以管理 Android SDK。

(4) 启动 SDK Manager.exe，即可看到如图 1.2 所示窗口。

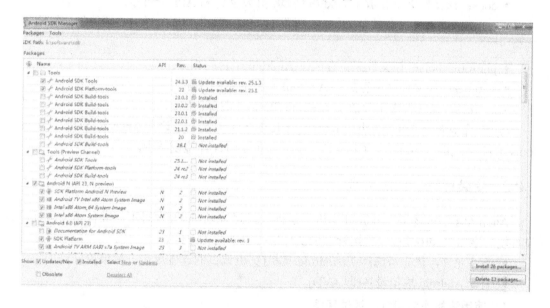

图 1.2

(5) 在图 1.2 所示窗口左侧的列表中勾选需要安装的平台和工具，比如 Android 4.2 的工具和平台，其中 Android 文档、SDK Platform 是必选的。如果想查看 Android 官方提供的示例程序、使用 Android SDK 的源代码，则可以勾选"Samples for SDK"和"Sources for Android SDK"两个列表项。至于是否需要安装 Android 早期版本的 SDK，则取决于读者喜好。选中所需要安装的工具之后，点击"Install Selected"按钮，将出现如图 1.3 所示窗口。

(6) 单击图 1.3 所示窗口的"Accept"单选按钮——确认需要安装所有的工具包，然后单击"Install"按钮，系统开始在线安装 Android SDK 及其相关工具。安装时间取决于读者的网络状态及选中的工具包的数量，在线安装时间不会太短，甚至可能花费一两个小时，耐心等待即可。

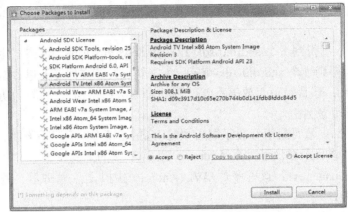

图 1.3

(7) 安装完成后将可以看到在 Android SDK 目录下增加了如下几个文件夹：

● docs：该文件夹下存放了 Android SDK 开发文件和 API 文档等。

● extras：该文件夹存放了 Google 提供的 USB 驱动、Intel 提供的硬件加速等附加工具包。

● platform-tools：该文件夹下存放了 Android 平台的相关工具。

● samples：该文件夹下存放了 Android 平台的示例程序。

● sources：该文件夹下存放了 Android SDK4.2 的源代码。

(8) 在命令窗口中可以使用 Android SDK 的各种工具，建议将 Android SDK 目录下的 tools 子目录、platform-tools 子目录添加到系统的 PATH 环境变量中。

1.2.2　安装运行、调试环境

Android 程序必须在 Android 手机上运行，因此 Android 开发时不需准备相关运行、调试环境。准备 Android 程序的运行、调试环境有以下两种方式。

● 条件允许，优先考虑购买 Android 真机(真机调试的速度更快，效果更好)。

● 配置 Android 虚拟设备(即 AVD)。

1. 使用真机作为运行、调试环境

使用真机作为运行、调试环境时，只需要完成以下 3 步。

(1) 用 USB 连接线将 Android 手机连接到电脑上。

(2) 在电脑上为手机安装驱动，不同手机厂商的 Android 手机的驱动略有差异，请登录该手机厂商官网下载手机驱动。

需要注意的是，电脑仅能识别 Android 手机的存储卡是不够的，安装驱动才能把 Android 手机整合成运行、调试环境。

(3) 打开手机的调试模式。打开手机，依次点击"所有应用—设置—开发者选项"，进入如图 1.4 所示的设置界面。勾选"不锁定屏幕"、"USB 调试"、"允许模拟位置" 3 个选项即可。如果开发者还有其他需要，也可以勾选其他的开发者选项。

图 1.4

2．使用 AVD 作为运行、调试环境

AndroidSDK 为开发者提供了可以在电脑上运行的"虚拟手机"，Android 把它称为 AndroidVirtualDevice(AVD)。如果开发者没有 Android 手机，则可以在 AVD 上运行编写的 Android 应用。

创建、删除和浏览 AVD 之前，通常应该先为 AndroidSDK 设置一个环境变量： ANDROID_SDK_HOME，该环境变量的值为磁盘上一个已有的路径。如果不设置该环境变量，开发者创建的虚拟设备默认保存在 C:\Documentsand Settings\<user_name>\.androidd 目录下(以 WindowsXP 为例)；如果设置了 ANDROID_SDK_HOME 环境变量，那么虚拟设备就会保存在%ANDROID_SDK_HOME%/.Android 路径下。

在图形界面下管理 AVD 比较简单，可以借助 AndroidSDK 和 AVD 管理器，在图形用户界面下完成操作，比较适合新上手的用户。

(1) 通过 AndroidSDK 安装目录下的 AVDManager.exe 启动 AVD 管理器，系统启动如图 1.5 所示的 AVD 管理器。单击该管理器左边的"Android Virtual Devices"项，管理器列出当前已有的 AVD 设备，如图 1.5 所示。

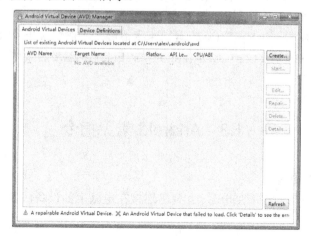

图 1.5

(2) 单击图 1.5 所示窗口右边的 "Create..." 按钮，AVD 管理器弹出如图 1.6 所示对话框。

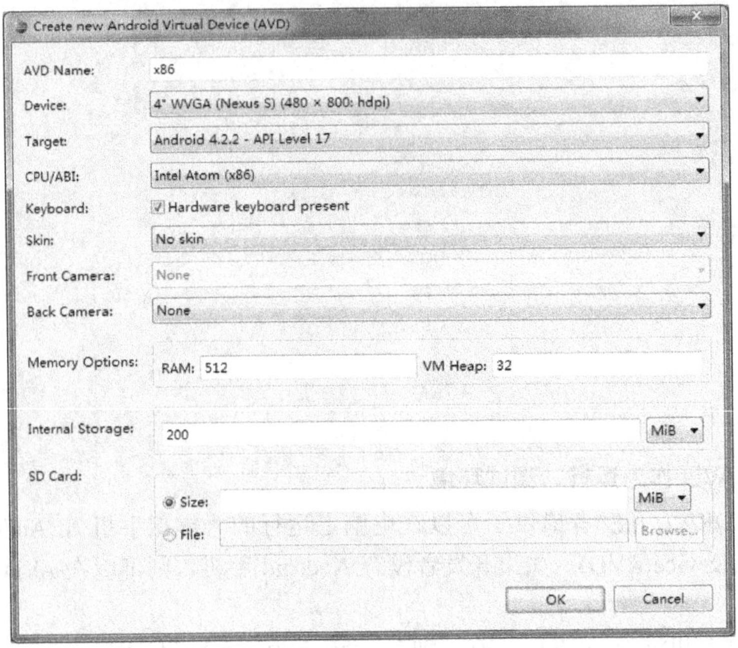

图 1.6

(3) 在图 1.6 所示的对话框中填写 AVD 设备的名称、Android 平台的版本和虚拟 SD 卡的大小，然后单击该对话框下面的 "OK" 按钮，管理器即将开始创建 AVD 设备，开发者只要稍作等待即可。由于运行速度较慢，因此笔者选择 HVGA(即 480×320 的分辨率)

创建完成后，返回图 1.5 所示的窗口，该管理器将会列出当前所有可用的 AVD 设备。如果开发者想删除某个 AVD 设备，只要在图 1.5 所示窗口中指定 AVD 设备，然后单击右边的 "Delete..." 按钮即可。

AVD 设备创建成功后，就可以使用模拟器来运行 AVD 了。在 Android SDK 和 AVD 管理器中运行 AVD 非常简单：在图 1.5 所示窗口中选择需要运行的 AVD 设备，单击图 1.5 所示窗口中的 "Start..." 按钮即可。

在实际开发过程中，上述模拟机的运行速度很慢，一般情况下不会使用，通常是通过真机调试或者使用 Genymotion。Genymotion 与 Eclipse 连接的具体步骤，读者可以自行学习。

1.3　Android 常见指令

Android 常用指令有：

(1) adb devices(后面不能加分号;)：列出连接在电脑上的设备，可以是模拟器或真实手机。例如：

```
C:\Users\hacket>adb devices
List of devices attached
emulator-5556    device
emulator-5554    device
```

(2) adb install helloworld.apk(一个设备)：安装一个 apk，例如：

```
C:\Users\hacket\Desktop>adb install helloworld.apk
error: more than one device and emulator
- waiting for device -
```

如果有多个设备，会报错误，此时用-s 设备名指定设备，例如：adb -s emulator-5554 install 1.apk (多个设备)

```
C:\Users\hacket\Desktop>adb -s emulator-5554 install 1.apk
81 KB/s (225886 bytes in 2.707s)
        pkg: /data/local/tmp/1.apk
Success
```

(3) adb uninstall (包名) (一个设备)：卸载 apk。如果有多个设备，用-s 设备名指定设备，例如：adb -s emulator-5554 uninstall cn.zengfansheng.helloworld(多个设备)

```
C:\Users\hacket\Desktop>adb -s emulator-5554 uninstall cn.zengfansheng.helloworl
d
Success
```

(4) ddms 中 Reset adb 就是用下面两句命令实现的。

重启 adb 的服务：

adb kill-server——把 adb 调试桥的服务杀死 (注意：kill 和-server 没有空格)。

adb start-server——把 adb 调试桥的服务重新开启(注意：kill 和-server 没有空格)。

netstat –ano——查看网络连接状态

(5) adb pull：从手机里面提取一个文件。也可提取多个文件，例如：

　　adb -s emulator-5554 pull /mnt/sdcard/1.apk (多个模拟器和真机)

(6) adb push：把电脑上的文件放在手机里面，例如：

　　adb -s emulator-5554 push Helloworld.apk /sdcard/1.apk (多个模拟器和真机)

```
C:\Users\hacket\Desktop>adb -s emulator-5554 push Helloworld.apk /sdcard/1.apk
82 KB/s (225886 bytes in 2.659s)
```

1.4　Android 的日志工具 Log

Android 中的日志工具类是 Log(android.util.Log)，该类中提供了以下几个方法供打印日志。

1．Log.v()

Log.v()方法用于打印那些最为琐碎的、意义最小的日志信息。对应级别 verbose，是 Android 日志里面级别最低的一种。

2．Log.d()

Log.d()方法用于打印一些调试信息，这些信息对调试程序和分析问题是有帮助的，对应级别 debug，比 verbose 高一级。

Log.d 方法中传入了两个参数，第一个参数是 tag，一般传入当前的类名，主要用于过滤打印信息。第二个参数是 msg，即要打印的具体内容。

3．Log.i()

Log.i()方法用于打印一些比较重要的数据,这些数据可以分析用户行为。对应级别 info，比 debug 高一级。

4．Log.w()

Log.w()方法用于打印一些警告信息，提示程序在这个地方可能会有潜在的风险，应尽快修复。对应级别 warn，比 info 高一级。

5．Log.e()

Log.e()方法用于打印程序中的错误信息，比如程序进入到了 catch 语句当中。当有错误信息打印出来的时候，一般代表程序出现了严重问题，必须尽快修复。对应级别 error，比 warn 高一级。

第 2 章 布 局

2.1 线 性 布 局

线性布局分为 vertical 垂直线性布局和 horizontal 水平线性布局，开发者可以根据自己的需要选择。

LinearLayout 是线性布局控件，它包含的子控件将以横向或竖向的方式按照相对位置来排列所有的 widgets 或者其他的 containers，超过边界时，某些控件将缺失或消失。因此一个垂直列表的每一行只会有一个 widget 或者是 container，而不管他们有多宽；而一个水平列表将会只有一个行高(高度为最高子控件的高度加上边框高度)。LinearLayout 保持其所包含的 widgets 或者是 containers 之间的间隔以及对齐方式(相对一个控件的右对齐、中间对齐或者左对齐)。

LinearLayout 属性如下：

android:orientation：定义布局的方向——水平或垂直(horizontal/vertical)。

android:layout_weight：子元素对未占用空间【水平或垂直】分配权重值，其值越小，权重越大。

android:layout_width：宽度(fill_parent：父元素决定，wrap_content：本身的内容决定)。

android:layout_height：高度(直接指定一个 px 值)。

android:gravity：内容的排列形式(常用 top, bottom, left, right, center)。

下面根据一个实例来了解线性布局。

新建项目 MyLayout，在 activity_main 中添加 4 个按钮，代码如下：

activity_main.xml 文件：

```xml
<LinearLayout xmlns:android="http://schemas.android.com/apk/res/android"
    xmlns:tools="http://schemas.android.com/tools"
    android:layout_width="match_parent"
    android:layout_height="match_parent"
    android:orientation="vertical">
<!-- 按钮 1 -->
<Button
    android:layout_width="wrap_content"
    android:layout_height="wrap_content"
    android:id="@+id/button1"
    android:text="button1" />
```

```
        <!-- 按钮 2 -->
        <Button
            android:layout_width="wrap_content"
            android:layout_height="wrap_content"
            android:id="@+id/button2"
            android:text="button2" />
        <!-- 按钮 3 -->
        <Button
            android:layout_width="wrap_content"
            android:layout_height="wrap_content"
            android:id="@+id/button3"
            android:text="button3" />
        <!-- 按钮 4 -->
        <Button
            android:layout_width="wrap_content"
            android:layout_height="wrap_content"
            android:id="@+id/button4"
            android:text="button4" />
</LinearLayout>
```

MainActivity 文件：

```
    public class MainActivity extends Activity {

        @Override
        protected void onCreate(Bundle savedInstanceState) {
            super.onCreate(savedInstanceState);
            setContentView(R.layout.activity_main);
        }
    }
```

启动模拟器，运行结果如图 2.1 所示。

图 2.1

2.2　相　对　布　局

RelativeLayout 称为相对布局，也是一种非常常用的布局。和 LinearLayout 的排列规则不同，RelativeLayout 显得更加随意一些，可以通过相对的定位方式让控件出现在布局的任何位置，也因为如此，RelativeLayout 中的属性非常多。

RelativeLayout 的属性：

Android:ignoregravity：设置哪个组件不受 gravity 属性的影响。

1) 属性值为具体像素值的属性

android:layout_marginBottom：　离某元素底边缘的距离。

android:layout_marginLeft：离某元素左边缘的距离。

android:layout_marginRight：　离某元素右边缘的距离。

android:layout_marginTop：离某元素上边缘的距离。

2) 属性值为true或是false的属性

android:layout_alignParentBottom：控制该组件是否和布局管理器底端对齐。

android:layout_alignParentLeft：　控制该组件是否和布局管理器左边对齐。

android:layout_alignParentRight：控制该组件是否和布局管理器右边对齐。

android:layout_alignParentTop：控制该组件是否和布局管理器顶部对齐。

3) 属性值为其他组件ID的属性

android:layout_toLeftOf：本组件在某组件的左边。

android:layout_toRightOf：本组件在某组件的右边。

android:layout_above：本组件在某组件的上方。

android:layout_below：本组件在某组件的下方。

下面以一个项目为例来讲述相对布局的属性。

创建项目 MyRelativeLayout，修改 activity_main.xml 的代码(添加五个按钮控件)。

activity_main.xml 文件：

```
<RelativeLayout xmlns:android="http://schemas.android.com/apk/res/android"
    xmlns:tools="http://schemas.android.com/tools"
    android:layout_width="match_parent"
    android:layout_height="match_parent">
<!-- 按钮 1 -->
<Button
    android:layout_width="wrap_content"
    android:layout_height="wrap_content"
    android:layout_centerInParent="true"
    android:id="@+id/button1"
    android:text="button1" />
```

```xml
        <!-- 按钮 2 -->
        <Button
            android:layout_width="wrap_content"
            android:layout_height="wrap_content"
            android:id="@+id/button2"
            android:text="button2"
            android:layout_above="@+id/button1"
            android:layout_toLeftOf="@+id/button1"/>
        <!-- 按钮 3 -->
        <Button
            android:layout_width="wrap_content"
            android:layout_height="wrap_content"
            android:id="@+id/button3"
            android:text="button3"
            android:layout_below="@+id/button1"
            android:layout_toLeftOf="@+id/button1"
            />
        <!-- 按钮 4 -->
        <Button
            android:layout_width="wrap_content"
            android:layout_height="wrap_content"
            android:id="@+id/button4"
            android:text="button4"
            android:layout_above="@+id/button1"
            android:layout_toRightOf="@+id/button1"/>
        <!-- 按钮 5 -->
        <Button
            android:layout_width="wrap_content"
            android:layout_height="wrap_content"
            android:id="@+id/button5"
            android:text="button5"
            android:layout_below="@+id/button1"
            android:layout_toRightOf="@+id/button1"/>
</RelativeLayout>
```

MainActivity 中的代码如下所示：

```java
MainActivity.java 文件：
public class MainActivity extends Activity {
    @Override
```

```
    protected void onCreate(Bundle savedInstanceState) {
        super.onCreate(savedInstanceState);
        setContentView(R.layout.activity_main);
    }
}
```

运行模拟器，结果如图 2.2 所示。

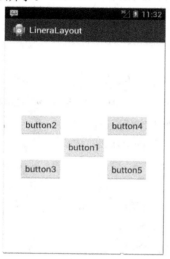

图 2.2

2.3 表 格 布 局

表格布局(TableLayout)即排成行和列的布局。一个 TableLayout 由若干 TableRow 组成，TableRow 定义了一行。TableLayout 容器不显示行、列或单元格边框线。每行有零个或多个单元格，每个单元格可容纳一个视图对象。表格布局在实际项目中用得比较少。

列的宽度是由该列中最宽的单元格决定的，通过调用 setcolumnshrinkable() 或 setcolumnstretchable()，一个 TableLayout 可以指定某些列为收缩或伸展的。如果标记为收缩，则对应的行将收缩以适应 TableLayout。如果标记为伸展，则可扩展宽度来适应任何额外的空间。表的总宽度是由其父容器定义的。但是列可以通过收缩和伸展来改变它的大小，以始终使用可用空间。最后，可以通过调用 setcolumncollapsed() 隐藏列。

TableLayout 的子类不能指定宽度属性，宽度总是 match_parent。而 layout_height 属性可以通过它的子控件来设置，默认值是 wrap_content。如果子控件是个 TableRow，那么它的高度总是 wrap_content。

必须将单元格添加到递增列顺序中，无论是在代码或 XML 中。默认列数为零。如果你不指定一个孩子单元格列数，它将自动递增到下一个可用的列。如果你跳过了一个列号，它就会被认为是一个空单元格。

表格布局的 XML 属性见表 2.1。

表 2.1　表格布局的 XML 属性

属性名	相关方法	描　述
android:collapseColumns	setColumnCollapsed(int,boolean)	设置需要隐藏的列
android:shrinkColumns	setShrinkAllColumns(boolean)	设置允许收缩的列
android:stretchColumns	setStretchAllColumns(boolean)	设置允许拉伸的列

表格布局案例如下。

布局文件：

activity_main.xml 文件：

```xml
<?xml version="1.0" encoding="utf-8"?>
<LinearLayout xmlns:android="http://schemas.android.com/apk/res/android"
android:layout_width="match_parent"
android:layout_height="match_parent"
android:orientation="vertical">
<!-- 表格 1-伸展 -->
<TableLayout
android:layout_width="match_parent"
android:layout_height="wrap_content"
android:shrinkColumns="0,1,2">
<Button
android:layout_width="wrap_content"
android:layout_height="wrap_content"
android:text="一行" />
<TableRow>

<Button
android:layout_width="wrap_content"
android:layout_height="wrap_content"
android:text="按钮 1">
</Button>
<Button
android:layout_width="wrap_content"
android:layout_height="wrap_content"
android:text="按钮 2">
</Button>
<Button
android:layout_width="wrap_content"
android:layout_height="wrap_content"
android:text="按钮 2">
```

```
    </Button>
    </TableRow>

    <TableRow>
    <Button
    android:layout_width="wrap_content"
    android:layout_height="wrap_content"
    android:text="按钮 4">
    </Button>
    <Button
    android:layout_width="wrap_content"
    android:layout_height="wrap_content"
    android:layout_span="2"
    android:text="两列">
    </Button>
    </TableRow>
    </TableLayout>
    <!-- 表格 2-收缩 -->
    <TableLayout
    android:layout_width="match_parent"
    android:layout_height="wrap_content"
    android:stretchColumns="0,1">
    <TableRow>
    <Button
    android:layout_width="wrap_content"
    android:layout_height="wrap_content"
    android:text="按钮 A" />
    <Button
    android:layout_width="wrap_content"
    android:layout_height="wrap_content"
    android:text="按钮 B" />
    <Button
    android:layout_width="wrap_content"
    android:layout_height="wrap_content"
    android:text="按钮 C" />
    </TableRow>
    </TableLayout>
    </LinearLayout>
```

使用 Activity 显示该布局，得到如图 2.3 所示效果。

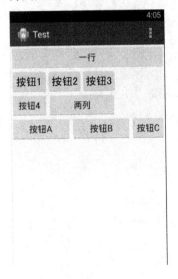

图 2.3

2.4 帧 布 局

帧布局是指在屏幕的一块区域中显示单独的一个元素。帧布局是最简单的布局形式。所有添加到这个布局中的视图都以层叠的方式显示。第一个添加的控件被放在最底层，最后一个添加到框架布局中的视图显示在最顶层，上一层的控件会覆盖下一层的控件。这种显示方式有些类似于堆栈。

当我们往帧布局中添加组件的时候，所有的组件都会放置于这块区域的左上角；帧布局的大小由子控件中最大的子控件决定；如果组件大小相同，同一时刻就只能看到最上面的那个组件。当然我们也可以为组件添加 layout_gravity 属性，从而制定组件的对齐方式。

帧布局的 XML 属性如表 2.2 所示。

表 2.2　帧布局的 XML 属性

属 性 名	相关方法	描　述
android:foreground	setForeground(Drawable)	设置前景图像
android:foregroundGravity	setForegroundGravity(int)	定义绘制前景图像的 gravity 属性
android:measureAllChildren	setMeasureAllChildren(boolean)	决定是否测量所有子类或只是那些在可见或不可见状态时测量

帧布局案例如下。

布局文件：

activity_main.xml 文件：

```
<FrameLayout xmlns:android="http://schemas.android.com/apk/res/android"
        xmlns:tools="http://schemas.android.com/tools"
```

```
    android:id="@+id/FrameLayout1"
    android:layout_width="match_parent"
    android:layout_height="match_parent"
    tools:context=".MainActivity"
    android:foregroundGravity="right|bottom">

    <TextView
        android:layout_width="200dp"
        android:layout_height="200dp"
        android:background="#FF6143" />
        <TextView
        android:layout_width="150dp"
        android:layout_height="150dp"
        android:background="#7BFE00" />
        <TextView
        android:layout_width="100dp"
        android:layout_height="100dp"
        android:background="#FFFF00" />
</FrameLayout>
```

使用 FrameLayout 布局，得到如图 2.4 所示效果。

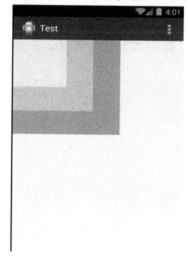

图 2.4

2.5　Android 常见显示单位

1. 像素 px(pixels)

px 是像素的意思，即屏幕中可以显示的最小元素单位。Android 应用程序中任何可见的图像都是由一个个像素点组成的。目前 HVGA 代表 320×480 像素。

一个组件的不同像素，在分辨率不同的手机上显示的效果是不同的。低分辨率的手机，图像看起来比较大；高分辨率手机，图像看起来比较小，用户体验不同。

2．设备独立像素 dip 或 dp (device independent pixels)

dip 和设备硬件有关，不依赖像素。一般为了支持 WVGA、HVGA 和 QVGA，推荐使用这种显示方式。

这里要特别注意，dip 与屏幕密度有关，而屏幕密度又与具体的硬件有关，硬件设置不正确，有可能导致 dip 不能正常显示。在屏幕密度为 160 的显示屏上，1dip=1px，如果屏幕分辨率很高，如 480×800，但是屏幕密度没有正确设置，比如说还是 160，那么此时凡是使用 dip 的都会显示异常，普遍表现为显示过小。

dip 的换算：

$$dip(value)=(int) (px(value)/1.5 + 0.5)$$

3．比例像素 sp (scaled pixels — best for text size)

sp 主要处理字体的大小，用于字体显示，可以根据系统的字体自适应。

除了上面三个显示单位，还有如下几种不太常用的显示单位：

　　　in (inches)英寸

　　　mm (millimeters)毫米

　　　pt (points)点，1/72 英寸

备注：根据 google 的推荐，像素统一使用 dip，字体统一使用 sp。

第3章 基本控件

　　控件是界面的主要元素，是实现用户界面功能的主要手段。Android 的基本控件是开发 Android 程序的必要工具，包括 TextView、EditText、Button、ImageView 等。

3.1 控 件 概 述

　　Android 界面控件分为定制控件和系统控件：

　　(1) 定制控件是指用户独立或者通过继承并修改 View 而产生的新控件，它能够为用户提供特殊的功能和与众不同的显示方式。

　　(2) 系统控件是 Android 系统提供给用户的已经封装的界面控件，包括应用程序开发过程中常用的功能控件。系统控件可以帮助用户进行快速的开发，并能够使 Android 系统应用程序的界面保持一致。

3.2 常 用 控 件

3.2.1 TextView

　　TextView 是一种最简单的文本控件，它具有如表 3.1 所示的常用属性。

表 3.1 TextView 控件属性

属性名称	说　　明
android:layout_width	TextView 控件边框包围的内容有 wrap_content，match_parent，fill_parent
android:layout_height	TextView 控件边框包围的内容有 wrap_content，match_parent，fill_parent
android:id	TextView 的 id
android:text	文本的内容
android:textSize	文本的字号
android:gravity	文本的显示位置
android:ellipsize	内容的省略显示方式
android:textStyle	文本的字体
android:autoLink	链接类型

下面通过一个小项目来演示 TextView 的用法。

创建一个 Android 项目 MyAndroid 来完成登录界面的布局。在 activity_main.xml 里添加两个 TextView 控件——用户名和密码，代码如下所示：

activity_main.xml 文件：

```xml
<RelativeLayout xmlns:android="http://schemas.android.com/apk/res/android"
    xmlns:tools="http://schemas.android.com/tools"
    android:layout_width="match_parent"
    android:layout_height="match_parent">
<!--设置用户名布局-->
<TextView
        android:id="@+id/lblName"
        android:layout_width="wrap_content"
        android:layout_height="wrap_content"
        android:singleLine="true"
        android:textSize="20sp"
        android:layout_marginTop="8dp"
        android:text="用户名：" />
<!--设置密码布局-->
<TextView
        android:id="@+id/lblPwd"
        android:layout_width="wrap_content"
        android:layout_height="wrap_content"
        android:layout_below="@+id/lblName"
        android:textSize="20sp"
        android:layout_marginTop="8dp"
        android:text="密    码：" />
</RelativeLayout>
```

MainActivity.java 文件：

```java
public class MainActivity extends Activity {
    @Override
    protected void onCreate(Bundle savedInstanceState) {
        super.onCreate(savedInstanceState);
        setContentView(R.layout.activity_main);
    }
}
```

启动模拟器，运行结果如图 3.1 所示。

图 3.1

3.2.2　EditText

　　EditText 是一种简单的编辑框，是用来输入和编辑字符串的控件，是一种具有编辑功能的 TextView。EditText 是接受用户输入信息的最重要的控件。

　　EditText 控件常用的属性以及对应的方法说明如表 3.2 所示。

表 3.2　EditText 控件属性

属　　　性	说　　　明
android:lines	通过设置固定的行数来决定 EditText 控制的高度
android:maxLines	设置最大行数
android:minLines	设置最小行数
android:password	设置文本框中的内容是否显示密码
android:phoneNumber	设置文本框中的内容只能是电话号码
android:numeric	如果设置，则输入的内容只能是数字
android:maxLength	设置最大的显示长度
android:singleLine	是否在一行内显示全部内容
android:inputType	设置文本框中的内容是密码类型
android:background	设置背景
android:hint	文本为空时显示提示信息

　　下面通过项目演示来掌握 EditText 的用法。

　　在上一节中已经做出用户名和密码的文本，下面我们为用户名和密码分别添加编辑框。分别在上节两个 TextView 下添加 EditText 的代码：

```
<EditText
    android:id="@+id/txtName"
```

```
        android:layout_width="match_parent"
        android:layout_height="wrap_content"
        android:layout_toRightOf="@+id/lblName"
        android:layout_alignBottom="@+id/lblName"
        android:textSize="20sp"
        android:hint="请输入用户名"
    />


<EditText
        android:id="@+id/txtPwd"
        android:layout_width="match_parent"
        android:layout_height="wrap_content"
        android:layout_toRightOf="@+id/lblPwd"
        android:layout_alignBottom="@+id/lblPwd"
        android:layout_alignRight="@+id/txtName"
        android:inputType="textPassword"
        android:textSize="20sp"
        android:numeric="integer"
        android:hint="请输入密码"
    />
```

启动模拟器，运行项目后，输入用户名和密码，效果如图 3.2 所示。

图 3.2

3.2.3 Button

Button 控件是一种简单的按钮，是 TextView 控件的子类，具有 TextView 的所有属性。用户可以通过点击按钮来触发一系列事件，然后为 Button 控件注册监听，以实现 Button 控件的监听事件。

为 Button 控件注册监听常用的方法有两种：

(1) 在布局文件中为 Button 控件设置 OnClick 属性，然后在代码中添加一个对应的监听方法。

(2) 在代码中绑定匿名监听器并重写 onClick()方法。

下面添加两个按钮"登录"和"取消"，并为两个按钮注册监听。

添加按钮布局代码如下所示：

```
<Button
        android:onClick="onClick"
        android:id="@+id/btnLogin"
        android:layout_width="wrap_content"
        android:layout_height="wrap_content"
        android:layout_alignLeft="@+id/lblPwd"
        android:layout_below="@+id/lblPwd"
        android:layout_marginLeft="48dp"
        android:layout_marginTop="38dp"
        android:textColor="#fff"
        android:background="@drawable/test"
        android:onClick="clickBtn"
        android:text="登录" />


<Button
        android:onClick="onClick"
        android:id="@+id/btnCancel"
        android:layout_width="wrap_content"
        android:layout_height="wrap_content"
        android:layout_alignBaseline="@+id/btnLogin"
        android:layout_alignBottom="@+id/btnLogin"
        android:layout_marginLeft="41dp"
        android:layout_toRightOf="@+id/btnLogin"
        android:textColor="#fff"
        android:background="@drawable/test"
        android:onClick="clickBtn"
        android:text="取消" />
```

在 MainActivity.java 中实现按钮的监听时间，代码如下：

```
public class MainActivity extends Activity {
    //定义按钮组件
    private Button button1;
    private Button button2;
```

```
@Override
protected void onCreate(Bundle savedInstanceState) {
super.onCreate(savedInstanceState);
    setContentView(R.layout.activity_main);
    //得到 Button 的实例
    Button button1=(Button) this.findViewById(R.id.btnLogin);
    Button button2=(Button) this.findViewById(R.id.btnCancel);
}
public void onClick(View view){
    //用 switch 语句
    switch (view.getId()) {
    case R.id.btnLogin://注册按钮
        //提示信息
        Toast.makeText(getApplicationContext(), "登录成功",1).show();
        break;
    case R.id.btnCancel://取消按钮
        //提示信息
        Toast.makeText(getApplicationContext(), "取消",1).show();
        break;
    default:
        break;
    }
}
}
```

启动模拟器，运行结果如图 3.3 所示。

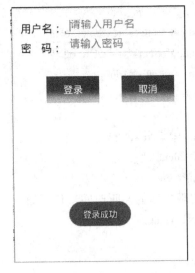

图 3.3

3.2.4 ImageView

ImageView 类可以加载各种来源的图片(如资源或图片库)，加载时需要计算图像的尺寸，以便它可以在其他布局中使用，控件提供缩放和着色(渲染)等各种显示选项。

ImageView 具有的属性如表 3.3 表示。

表 3.3 ImageView 控件属性

属 性	说 明
adnroid:scaleType	控制图片如何 resized/moved 来匹对 ImageView 的 size
android:src	设置 View 的图片资源位置
android:tint	将图片渲染成指定的颜色

下面在上一节布局的下面加载一个图片，在 activity_main.xml 中添加图片布局，代码如下：

```
<ImageView
    android:layout_width="wrap_content"
    android:layout_height="wrap_content"
    android:id="@+id/imageviw"//图片的 id
    android:src="@drawable/ic_launcher"//设置图片
    android:layout_centerInParent="true"/>
```

启动模拟器，运行的结果如图 3.4 所示。

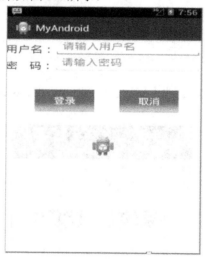

图 3.4

3.2.5 ProgressBar

ProgressBar 在界面上显示一个进度条，用于表示程序正在加载数据，其用法非常简单。

ProgressBar 的属性：

android:visibility 有三个默认值，分别为 visible、invisible 和 gone。visible 表示可见的，invisible 表示不可见的，gone 表示控件不仅不可见而且不再占用任何屏幕空间。

在 activity_main 中添加 ProgressBar 的布局，代码如下：

```
<ProgressBar
        android:layout_width="wrap_content"
        android:layout_height="wrap_content"
        android:id="@+id/progressbar"
        android:layout_centerInParent="true"
        android:visibility="visible"
        />
```

启动模拟器，运行结果如图 3.5 所示。

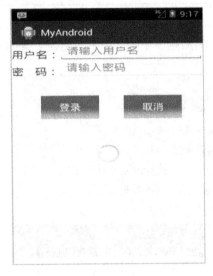

图 3.5

将 android:visibility="visible"改为 android:visibility="invisible"时，进度条将被隐藏不会再显示，如图 3.6 所示。

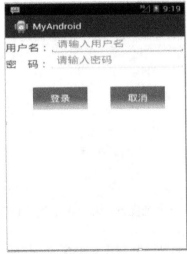

图 3.6

3.2.6 AlertDialog

AlertDialog 控件可以在当前的界面弹出一个对话框，且这个对话框将置顶于所有界面元素之上，能够屏蔽掉其他控件的交互能力，所以 AlertDialog 一般用于提示一些重要的内容或者警告。AlertDialog 控件属性如表 3.4 所示。

表 3.4 AlertDialog 控件属性

属 性	说 明
setTitle()	设置对话框的标题
setMessage()	设置对话框的内容
setPositiveButton()	设置对话框的确定点击事件
setNegativeButton ()	设置对话框的取消点击事件
show()	设置对话框的取消点击事件

在上一节的代码的基础上添加了对话框事件，当点击登录按钮时会弹出一个对话框，在按钮点击的代码里添加对话框代码如下：

```
public class MainActivity extends Activity {
    //定义按钮组件
    private Button button1;
    private Button button2;
    @Override
    protected void onCreate(Bundle savedInstanceState) {
        super.onCreate(savedInstanceState);
        setContentView(R.layout.activity_main);

        //得到 Button 的实例
        Button button1=(Button) this.findViewById(R.id.btnLogin);
        Button button2=(Button) this.findViewById(R.id.btnCancel);
    }

    public void onClick(View view){
        //用 switch 语句
        switch (view.getId()) {
        case R.id.btnLogin://注册按钮
            //提示信息
            Toast.makeText(getApplicationContext(), "登录成功",1).show();
            showDialog();
            break;
        case R.id.btnCancel://取消按钮
            //提示信息
```

```
            Toast.makeText(getApplicationContext(), "取消",1).show();
         break;
      default:
         break;
   }
}
private void showDialog() {
   // TODO Auto-generated method stub
   AlertDialog.Builder dialog=new Builder(this);
   dialog.setTitle("提示信息");
   dialog.setMessage("你确定要登录吗");
   dialog.setPositiveButton("确定",new DialogInterface.OnClickListener() {
      @Override
      public void onClick(DialogInterface dialog, int which) {
         // TODO Auto-generated method stub
      }
});
   dialog.setNegativeButton("取消",new DialogInterface.OnClickListener() {
      @Override
      public void onClick(DialogInterface dialog, int which) {
         // TODO Auto-generated method stub
      }
});
   dialog.show();//显示
   }
}
```

启动模拟器，运行结果如图 3.7 所示。

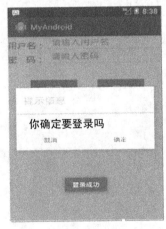

图 3.7

3.2.7　ProgressDialog

ProgressDialog 和 AlertDialog 类似，都可以在界面上弹出一个对话框，都能够屏蔽掉其他控件的交互能力。不同的是，ProgressDialog 会在对话框中显示一个进度条。

将上一节对话框的代码改为如下代码：

```java
private void showDialog() {
    // TODO Auto-generated method stub
    ProgressDialog pd=new ProgressDialog(this);
    pd.setTitle("this is ProgressDialog");
    pd.setMessage("Loading.....");
    pd.setCancelable(true);
    pd.show();//显示
}
```

上述代码中先构建出一个 ProgressDialog 的对象，然后设置标题、内容、是否取消等属性，最后通过 show()方法将其显示出来，运行结果如图 3.8 所示。

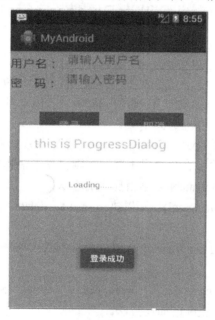

图 3.8

第 4 章　SQLite 数据库

Android 操作系统中集成了一个嵌入式关系型数据库 SQLite，在进行 Android 开发时，如果需要存储数据，SQLite 数据库是一个很好的选择。

SQLite 是一款开源的、轻量级的、嵌入式的关系型数据库。它在 2000 年由 D. Richard Hipp 发布，可以支持 Java、Net、PHP、Ruby、Python、Perl、C 等几乎所有的现代编程语言，支持 Windows、Linux、Unix、Mac OS、Android、IOS 等几乎所有的主流操作系统平台。

SQLite 早已广泛地应用在各种产品中。在 Android 开发中，Android 推荐的数据库内置了完整支持 SQLite 的数据库。

4.1　SQLiteDatabase 简介

Android 可以使用 SQLiteDatabase 来代表一个数据库。可以通过 SQLiteDatabase 来创建、删除、执行 SQL 命令，并执行其他常见的数据库管理任务。当然 SQLiteDatabase 中的一些数据库操作要通过 Java 去执行相关的 SQL 语句，由于 SQLiteDatabase 封装了这些操作，因此使用它来操作数据库更加简单明了。

SQLiteDatabase 提供了 openOrCreateDatabase 等静态方法来打开或者创建数据库。它会自动检测相应的数据库是否存在，如果不存在，则自动创建相应的数据库。

接下来介绍一些 SQLiteDatabase 常用操作的方法：

public void execSQL(String sql)：可以执行 insert、delete、update 和 create table 之类有更改行为的 SQL 语句。

public long insert(String table, String nullColumnHack, ContentValues values)：将行插入到数据库的简便方法。

public int update(String table, ContentValues values, String whereClause, String[] whereArgs)：数据库中的行更新的简便方法。

public int delete(String table, String whereClause, String[] whereArgs)：数据库中删除行的简便方法。

public Cursor query(boolean distinct, String table, String[] columns,String selection, String[] selectionArgs, String groupBy,String having, String orderBy, String limit：对指定的表执行查询操作。

Cursor(光标)对象的一些常见方法：

boolean move(int offset)：从当前位置移动光标，向前或向后移动。正数向前移，负数向后移。成功返回 true，失败返回 false。

boolean moveToLast()：将光标移动到最后一行。成功返回 true，失败返回 false。

boolean moveToNext()：将光标移动到下一行。成功返回 true，失败返回 false。

boolean moveToPosition(int position)：将光标移动到指定的位置。成功返回 true，失败返回 false。

boolean moveToPrevious：将光标移动到上一行。成功返回 true，失败返回 false。

4.2　SQLiteOpenHelper 简介

SQLiteOpenHelper 是一个辅助类，可用来创建和管理数据库。通过创建一个子类，实现 onCreate(SQLiteDatabase), onUpgrade(SQLiteDatabase, int, int)方法。这个子类负责打开数据库(如果数据库存在)、创建数据库(如果数据库不存在)、更新数据库等。SQLiteOpenHelper 同时也有助于 ContentProvider 第一次打开和升级数据库。

接下来介绍一些 SQLiteOpenHelper 常用操作的方法：

public SQLiteDatabase getReadableDatabase()：以读的方式打开数据库。

public SQLiteDatabase getWritableDatabase()：以写的方式打开数据库。

public abstract void onCreate(SQLiteDatabase db)：当数据库为第一次创建时调用。这是创建表和表的初始化的地方。

public void onUpgrade(SQLiteDatabase db, int oldVersion, int newVersion)：当数据库需要更新时调用。数据库的增删改等操作需要使用该方法，此方法需要在事务中执行。如果出现异常，所有的更改将自动回滚。

4.3　SQLite 数据库的应用

案例 1　使用 SQLiteOpenHelper 来完成一个简单的注册功能。

该案例的效果如图 4.1 所示。

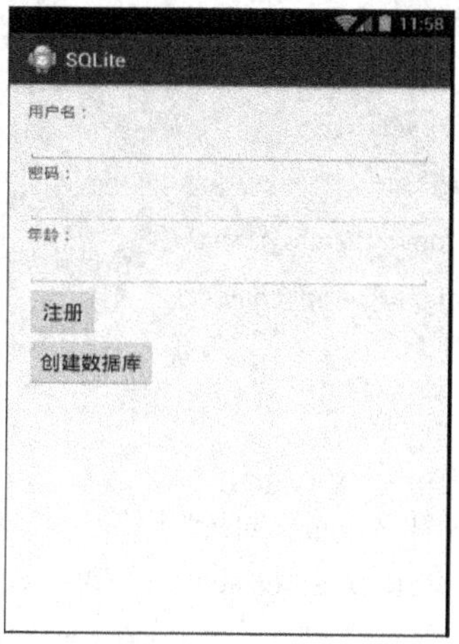

图 4.1

该案例的布局文件有以下几种：

(1) activity_main.xml 文件：

```xml
<LinearLayout xmlns:android="http://schemas.android.com/apk/res/android"
    xmlns:tools="http://schemas.android.com/tools"
    android:layout_width="match_parent"
    android:layout_height="match_parent"
    android:paddingBottom="@dimen/activity_vertical_margin"
    android:paddingLeft="@dimen/activity_horizontal_margin"
    android:paddingRight="@dimen/activity_horizontal_margin"
    android:paddingTop="@dimen/activity_vertical_margin"
    android:orientation="vertical"
    >

    <TextView
        android:layout_width="wrap_content"
        android:layout_height="wrap_content"
        android:text="用户名： " />
    <EditText
        android:id="@+id/nameTxt"
        android:layout_width="match_parent"
        android:layout_height="wrap_content"
        />

    <TextView
        android:layout_width="wrap_content"
        android:layout_height="wrap_content"
        android:text="密码： " />
    <EditText
        android:id="@+id/pwdTxt"
        android:password="true"
        android:layout_width="match_parent"
        android:layout_height="wrap_content"
        />

    <TextView
        android:layout_width="wrap_content"
        android:layout_height="wrap_content"
        android:text="年龄： " />
    <EditText
```

```xml
        android:id="@+id/ageTxt"
        android:layout_width="match_parent"
        android:layout_height="wrap_content"
        />

    <Button
        android:id="@+id/btn1"
        android:layout_width="wrap_content"
        android:layout_height="wrap_content"
        android:onClick="clickBtn"
        android:text="注册"
        />
    <Button
        android:id="@+id/btn2"
        android:layout_width="wrap_content"
        android:layout_height="wrap_content"
        android:text="创建数据库"
        />
</LinearLayout>
```

(2) MyDatabaseHelper.java 文件：

```java
public class MyDatabaseHelper extends SQLiteOpenHelper {

    //创建表的 SQL 语句
    final String    CREATE_TABLE_SQL = "create table userinfo(_id integer primary key
        autoincrement ,name,pwd,age)";

    public MyDatabaseHelper(Context context, String name,
            CursorFactory factory, int version) {
        super(context, name, factory, version);
        // TODO Auto-generated constructor stub
    }

    @Override
    public void onCreate(SQLiteDatabase db) {
        // 第一次使用数据库时自动创建表
        db.execSQL(CREATE_TABLE_SQL);
    }

    @Override
```

```java
    public void onUpgrade(SQLiteDatabase db, int oldVersion, int newVersion) {
        // TODO Auto-generated method stub

    }
}//End
```

(3) MainActivity.java 文件：

```java
public class MainActivity extends Activity {


    //定义组件
    EditText nameTxt = null;
    EditText ageTxt = null;
    EditText pwdTxt = null;


    MyDatabaseHelper db;


    @Override
    protected void onCreate(Bundle savedInstanceState) {
        super.onCreate(savedInstanceState);
        setContentView(R.layout.activity_main);
        //db = SQLiteDatabase.openOrCreateDatabase(this.getFilesDir().toString()+"/user.db", null);
        db = new MyDatabaseHelper(this, "user.db3", null, 1);
        //初始化组件
        initComponents();

    }//onCreate


    /*
     * 初始化组件
     */
    public void initComponents()
    {
        nameTxt = (EditText) findViewById(R.id.nameTxt);
        pwdTxt = (EditText) findViewById(R.id.pwdTxt);
        ageTxt = (EditText) findViewById(R.id.ageTxt);


    }//initComponents



    /*
     * 按钮的点击事件
```

```
    */
    public void clickBtn(View view)
    {
        int id = view.getId();
        if(id == R.id.btn1)
        {
            String name = nameTxt.getText().toString();
            String pwd = pwdTxt.getText().toString();
            String age = ageTxt.getText().toString();
            //保存数据
            saveInfo(db.getReadableDatabase(),name,pwd,age);
        }

    }//clickBtn

    /*
     * 保存表单
     */
    public void saveInfo(SQLiteDatabase db,String name,String pwd,String age)
    {
        //创建 SQL 语句
        String insert = "insert into userinfo values (null,?,?,?)";
        //执行 SQL 语句，其中 insertSQL 语句中的三个？问号可由第二个参数的 object 数组
          填充代替
        db.execSQL(insert, new String[]{name,pwd,age});

        Log.i("test", "插入数据");
        //关闭连接
        db.close();
    }//saveInfo

}//End
```

　　运行程序时先点击"创建数据库"按钮，然后填写表单，再点击"注册"按钮。可以在 DDMS 下看到"data→data→项目包名"这个目录下多了一个 databases 目录，如图 4.2 所示。

✓ 🗁 databases	
📄 user.db3	20480
📄 user.db3-journal	12824

图 4.2

可以通过控制台进入数据库并进行查询(如图 4.3 所示)。

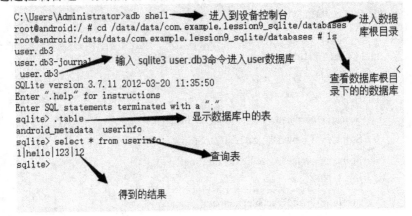

图 4.3

案例 2　简单的图书信息管理系统。

该案例的界面效果如图 4.4 所示。

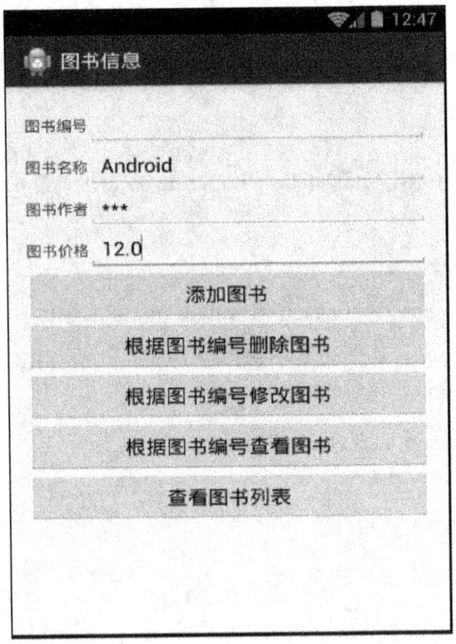

图 4.4

该案例的布局文件有以下几种：

(1) activity_book_list.xml：

```xml
<RelativeLayout xmlns:android="http://schemas.android.com/apk/res/android"
    xmlns:tools="http://schemas.android.com/tools"
    android:layout_width="match_parent"
    android:layout_height="match_parent"
    android:paddingBottom="@dimen/activity_vertical_margin"
    android:paddingLeft="@dimen/activity_horizontal_margin"
```

```xml
        android:paddingRight="@dimen/activity_horizontal_margin"
        android:paddingTop="@dimen/activity_vertical_margin">


    <ListView
        android:id="@+id/listview1"
        android:layout_width="match_parent"
        android:layout_height="wrap_content"
    />
</RelativeLayout>
```

(2) activity_main.xml：

```xml
<LinearLayout xmlns:android="http://schemas.android.com/apk/res/android"
    xmlns:tools="http://schemas.android.com/tools"
    android:layout_width="match_parent"
    android:layout_height="match_parent"
    android:paddingBottom="@dimen/activity_vertical_margin"
    android:paddingLeft="@dimen/activity_horizontal_margin"
    android:paddingRight="@dimen/activity_horizontal_margin"
    android:paddingTop="@dimen/activity_vertical_margin"
    android:orientation="vertical"
    >
    <LinearLayout
        android:orientation="horizontal"
        android:layout_width="match_parent"
        android:layout_height="wrap_content"
        >
    <TextView
        android:layout_width="wrap_content"
        android:layout_height="wrap_content"
        android:text="图书编号" />
    <EditText
        android:id="@+id/bookidTxt"
        android:layout_width="match_parent"
        android:layout_height="wrap_content"
        />
    </LinearLayout>

    <LinearLayout
        android:orientation="horizontal"
        android:layout_width="match_parent"
```

```
        android:layout_height="wrap_content"
        >
<TextView
        android:layout_width="wrap_content"
        android:layout_height="wrap_content"
        android:text="图书名称" />
        <EditText
        android:id="@+id/nameTxt"
        android:layout_width="match_parent"
        android:layout_height="wrap_content"
        />
</LinearLayout>

<LinearLayout
        android:orientation="horizontal"
        android:layout_width="match_parent"
        android:layout_height="wrap_content"
        >
<TextView
        android:layout_width="wrap_content"
        android:layout_height="wrap_content"
        android:text="图书作者" />
<EditText
        android:id="@+id/authorTxt"
        android:layout_width="match_parent"
        android:layout_height="wrap_content"
        />
</LinearLayout>

<LinearLayout
        android:orientation="horizontal"
        android:layout_width="match_parent"
        android:layout_height="wrap_content"
        >
<TextView
        android:layout_width="wrap_content"
        android:layout_height="wrap_content"
        android:text="图书价格" />
<EditText
```

```xml
            android:id="@+id/priceTxt"
            android:layout_width="match_parent"
            android:layout_height="wrap_content"
            />
    </LinearLayout>

    <Button
        android:id="@+id/Btn_insert"
        android:layout_width="match_parent"
        android:layout_height="wrap_content"
        android:onClick="clickBtn"
        android:text="添加图书"
        />


    <Button
        android:id="@+id/Btn_delete"
        android:layout_width="match_parent"
        android:layout_height="wrap_content"
        android:onClick="clickBtn"
        android:text="根据图书编号删除图书"
        />


    <Button
        android:id="@+id/Btn_update"
        android:layout_width="match_parent"
        android:layout_height="wrap_content"
        android:onClick="clickBtn"
        android:text="根据图书编号修改图书"
        />
    <Button
        android:id="@+id/Btn_find"
        android:layout_width="match_parent"
        android:layout_height="wrap_content"
        android:onClick="clickBtn"
        android:text="根据图书编号查看图书"
        />
    <Button
        android:id="@+id/Btn_showlist"
        android:layout_width="match_parent"
```

```
            android:layout_height="wrap_content"
            android:onClick="clickBtn"
            android:text="查看图书列表"
        />
    </LinearLayout>
```

(3) Book.java：

```java
public class Book implements Parcelable{

    public int _id;
    public String name;
    public String author;
    public float price;

    //Constructor
    public Book(Parcel source)
    {
        //反序列化(反序列化的顺序要和序列化的顺序一致)
        _id = source.readInt();
        name = source.readString();
        author = source.readString();
        price = source.readFloat();
    }//Constructor

    public Book(){}

    @Override
    public int describeContents() {
        return ();
    }

    /*
    *对 Book 对象做序列化保存的方法,在传送数据时 Android 会自动调用这个方法把对象
    序列化
    */
    @Override
    public void writeToParcel(Parcel dest, int flags) {
        // 可以对 Book 对象的属性一个一个的序列化
        dest.writeInt(_id);
        dest.writeString(name);
```

```java
        dest.writeString(author);
        dest.writeFloat(price);
    }

    //数据的接受方在收到数据之后可以使用 Creator 把数据反序列化成 Book
    public static final Parcelable.Creator CREATOR =
        new Creator<Book>(){

            @Override
            public Book createFromParcel(Parcel source) {
                // TODO Auto-generated method stub
                return new Book(source);
            }

            @Override
            public Book[] newArray(int size) {

                return new Book[size];
            }
        };

    @Override
    public String toString() {
        return "【编号=" + _id + ", 书名=" + name + ", 作者=" + author + ",价格=" + price + "】";
    }

}//End
```

(4) MyDatabaseHelper.java：

```java
public class MyDatabaseHelper extends SQLiteOpenHelper{
    //创建表的 SQL 语句
    public final String SQL_CREATE_TABLE = "create table "+BookDao.TABLE_BOOK+" ("+
                    BookDao.COL_BOOK_ID+" integer primary key autoincrement,"
                    +BookDao.COL_NAME+","+BookDao.COL_AUTHOR+
                    ","+BookDao.COL_PRICE+")";
    //删除表 SQL 语句
    public final String SQL_DROP_TABLE = "drop table "+BookDao.TABLE_BOOK;

    public MyDatabaseHelper(Context context, String name,
        CursorFactory factory, int version) {
```

```
        super(context, name, factory, version);
        // TODO Auto-generated constructor stub
    }//Constructor


    /*
    *此方法是在应用程序第一次运行时自动调用，所以我们可以在这个方法中创建数据库的表
    *如果以后再允许程序，此方法将不再执行，所以可以保证数据库只创建一次
    */
    @Override
    public void onCreate(SQLiteDatabase db)
    {
        // 创建表
        db.execSQL(SQL_CREATE_TABLE);

    }//onCreate


    /*
    *当发现当前执行的程序和原有程序版本不一致时，自动调用
    *所以在此方法中我们可以将老数据更新为新数据
    */
    @Override
    public void onUpgrade(SQLiteDatabase db, int oldVersion, int newVersion)
    {
        // 删除原来的表
        db.execSQL(SQL_DROP_TABLE);

        onCreate(db);

    }//onUpgrade

}//End
```

(5) BookDao.java：

```
/**
*这个类专门访问与图书相关的数据库的类
*/
public class BookDao {
    //数据库名
    public static final String DB_NAME = "book.db";
    //保存图书信息的表名
```

```java
    public static final String TABLE_BOOK = "bookinfo";
    //id 的列名
    public static final String     COL_BOOK_ID = "_id";
    //图书名称的列名
    public static final String COL_NAME = "name";
    //图书作者的列名
    public static final String COL_AUTHOR = "author";
    //图书价格的列名
    public static final String COL_PRICE =      "price";


    MyDatabaseHelper dbHelper = null;


    //Constructor
    public BookDao(Context context)
    {
        //创建数据库
        dbHelper = new MyDatabaseHelper(context, DB_NAME, null, 1);


    }//Constructor


    /*
    * 关闭数据库
    */
    public void closeDB()
    {
        if(dbHelper!=null)
        {
            dbHelper.close();
            dbHelper = null;
        }
    }//closeDB


    /*
    * 添加图书
    */
    public void insertBook(String name,String author,float price)
    {
        //获得 SQLiteDatabase 对象
        SQLiteDatabase db = dbHelper.getWritableDatabase();
```

```
        ContentValues values = new ContentValues();
        //编辑数据
        values.put(COL_NAME,name);
        values.put(COL_AUTHOR,author);
        values.put(COL_PRICE,price);
        //插入数据
        db.insert(TABLE_BOOK, COL_AUTHOR, values);


}//insertBook


/*
* 根据图书编号查询图书信息
*/
public Book findBookById(int id)
{
        Book book = new Book();
        SQLiteDatabase db = dbHelper.getWritableDatabase();
        Cursor c = db.query(TABLE_BOOK, null, COL_BOOK_ID+"="+id, null, null,null, null);
        if(c.moveToNext())
        {
            book._id = c.getInt(c.getColumnIndex(COL_BOOK_ID));
            book.name = c.getString(c.getColumnIndex(COL_NAME));
            book.author = c.getString(c.getColumnIndex(COL_AUTHOR));
            book.price = c.getFloat(c.getColumnIndex(COL_PRICE));
        }
        return book;


}//findBookById


/*
*根据图书 id 修改信息
*/
public void updateBook(int _id,String name,String author,float price)
{
        //获得 SQLiteDatabase 对象
        SQLiteDatabase db = dbHelper.getWritableDatabase();

        ContentValues values = new ContentValues();
```

```
    //编辑数据
    values.put(COL_NAME,name);
    values.put(COL_AUTHOR,author);
    values.put(COL_PRICE,price);
    //插入数据
    String where = COL_BOOK_ID + " = ?";
    String[] whereValue = { Integer.toString(_id) };
    db.update(TABLE_BOOK, values,where, whereValue);

}//updateBook


/*
* 根据图书编号删除图书信息
*/
public void deleteBookById(int bookid)
{
    SQLiteDatabase db = dbHelper.getWritableDatabase();
    db.delete(TABLE_BOOK, COL_BOOK_ID+"="+bookid, null);
}//deleteBookById


/*
*获得图书列表
*/
public List<Book> getBookList()
{
    List<Book> bookList = new ArrayList<Book>();
    SQLiteDatabase db = dbHelper.getWritableDatabase();
    Cursor c =   db.query(TABLE_BOOK, null, null, null, null, null, null);
    while(c.moveToNext())
    {
        Book book = new Book();
        book._id = c.getInt(c.getColumnIndex(COL_BOOK_ID));
        book.name = c.getString(c.getColumnIndex(COL_NAME));
        book.author = c.getString(c.getColumnIndex(COL_AUTHOR));
        book.price = c.getFloat(c.getColumnIndex(COL_PRICE));
        bookList.add(book);
    }
    return bookList;
```

```
        }//getBookList


    }//End
```

(6) BookListActivity.java：

```
    public class BookListActivity extends Activity {


        @Override
        protected void onCreate(Bundle savedInstanceState) {
            super.onCreate(savedInstanceState);
            setContentView(R.layout.activity_book_list);
            //获得 MainActivity 传递过来的数据
            Intent intent = this.getIntent();

            ArrayList<Book> bookList = intent.getParcelableArrayListExtra("book");
            //将 bookList 转化为 List 类型
            List<String> strList = new ArrayList<String>();

            for(Book b:bookList)
            {
                strList.add(b.toString());
                Log.i("test", "添加一个成功");
            }


            //填充列表
            ListView listview = (ListView) findViewById(R.id.listview1);

            ArrayAdapter<String>adapter=new ArrayAdapter<String>
                    (this, android.R.layout.simple_list_item_1, strList);
            listview.setAdapter(adapter);


        }//onCreate


    }//End
```

(7) MainActivity.java：

```
    public class MainActivity extends Activity {


        //定义一些组件
        public EditText bookidTxt = null;
        public EditText nameTxt = null;
        public EditText authorTxt = null;
```

```java
public EditText priceTxt = null;

//定义一个操作数据库的类
BookDao db = null;
@Override
protected void onCreate(Bundle savedInstanceState)
{
    super.onCreate(savedInstanceState);
    setContentView(R.layout.activity_main);
    //初始化控件
    initConponents();
    //创建 db
    db = new BookDao(this);

}//onCreate


@Override
protected void onPause()
{
    if(db!=null)//判断 db 是否为空，不为空则关闭数据库
    {
        db.closeDB();
    }
    super.onPause();
}//onPause

/*
* 初始化组件
*/
public void initConponents()
{
    bookidTxt = (EditText)findViewById(R.id.bookidTxt);
    nameTxt = (EditText)findViewById(R.id.nameTxt);
    authorTxt = (EditText)findViewById(R.id.authorTxt);
    priceTxt = (EditText)findViewById(R.id.priceTxt);
}//initConponents

/*
* 按钮点击事件响应函数
```

```
        */
    public void clickBtn(View view)
    {
        int id = view.getId();
        if(id==R.id.Btn_insert)
        {
            //获得数据
            String name = nameTxt.getText().toString();
            String author = authorTxt.getText().toString();
            float price = Float.parseFloat(priceTxt.getText().toString());
            //插入数据
            db.insertBook(name, author, price);

            Toast.makeText(this, "添加图书成功", Toast.LENGTH_LONG).show();
        }
        else if(id==R.id.Btn_find)
        {
            Book book = db.findBookById(Integer.parseInt(""+bookidTxt.getText()));
            nameTxt.setText(book.name);
            authorTxt.setText(book.author);
            priceTxt.setText(""+book.price);

            Toast.makeText(this, "查询成功", Toast.LENGTH_LONG).show();
        }
        else if(id==R.id.Btn_update)
        {
            //获得数据
            int _id = Integer.parseInt(""+bookidTxt.getText());
            String name = nameTxt.getText().toString();
            String author = authorTxt.getText().toString();
            float price = Float.parseFloat(priceTxt.getText().toString());
            Log.i("SQL", "id:"+_id);
            db.updateBook(_id, name, author, price);

            Toast.makeText(this, "修改成功", Toast.LENGTH_LONG).show();
        }
        else if(id==R.id.Btn_delete)
        {
            db.deleteBookById(Integer.parseInt(bookidTxt.getText().toString()));
```

```
            Toast.makeText(this, "已删除", Toast.LENGTH_LONG).show();
        }
        else if(id==R.id.Btn_showlist)
        {
            //获得图书数组
            ArrayList<Book> bookList = (ArrayList)db.getBookList();

            Intent intent = new Intent(this,BookListActivity.class);
            intent.putParcelableArrayListExtra("book", bookList);
            startActivity(intent);

        }

    }//clickBtn

}//End
```

实现该图书信息管理系统的具体步骤如下：

(1) 填写表单数据并点击"添加图书"按钮后，这时在 DDMS 数据库的目录下多了数据库，截图如图 4.5 所示。

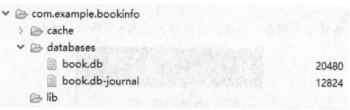

图 4.5

进入数据库可以看到以下结果(见图 4.6)。

```
C:\Users\Administrator>adb shell
root@android:/ # cd /data/data/com.example.bookinfo/databases/
root@android:/data/data/com.example.bookinfo/databases # ls
book.db
book.db-journal
root@android:/data/data/com.example.bookinfo/databases # sqlite3 book.db
SQLite version 3.7.11 2012-03-20 11:35:50
Enter ".help" for instructions
Enter SQL statements terminated with a ";"
sqlite> .table
android_metadata    bookinfo
sqlite> select * from bookinfo;
1|Android|Tom|12.0            ←———— 新增的两本书籍信息
2|Java|Jack|12.0
sqlite> ▮
```

图 4.6

(2) 在"图书编号"的输入框中输入"1"，然后点击"根据图书编号删除图书"按钮，可以将图书编号为"1"的书籍信息删除。这时进入数据库可以看到以下结果(见图 4.7)。

```
C:\Users\Administrator>adb shell
root@android:/ # cd /data/data/com.example.bookinfo/databases/
root@android:/data/data/com.example.bookinfo/databases # ls
book.db
book.db-journal
root@android:/data/data/com.example.bookinfo/databases # sqlite3 book.db
SQLite version 3.7.11 2012-03-20 11:35:50
Enter ".help" for instructions
Enter SQL statements terminated with a ";"
sqlite> .table
android_metadata  bookinfo
sqlite> select * from bookinfo;
1|Android|Tom|12.0
2|Java|Jack|12.0                    ← 可以看到编号为1的书籍的信息已被删除
sqlite> select * from bookinfo;
2|Java|Jack|12.0
sqlite>
```

图 4.7

(3) 在"图书编号"输入框中输入"2"，然后填写其他输入框，再点击"根据图书编号修改图书"按钮。这时进入数据库可以看到如下结果(见图 4.8)。

```
sqlite> select * from bookinfo;
2|XML|LI|12.0
sqlite>
```

图 4.8

(4) 点击"查看图书列表"按钮，可以看到如图 4.9 所示的界面。

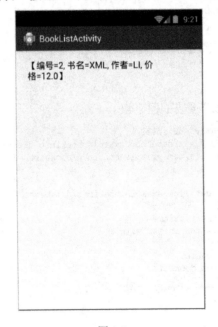

图 4.9

第 5 章　Activity

Activity 是 Android 应用的重要组成部分之一，是 Android 应用最常见的组件之一。有 Web 开发经验的同学对 Servlet 的概念应该比较熟悉，实际上 Activity 对于 Android 应用的作用有点类似于 Servlet 对于 Web 的作用。一个 Web 应用通常由 N 个 Servlet 组成，而一个 Android 应用通常也由 N 个 Activity 组成。对于 Web 应用而言，Servlet 主要负责与用户交互，并向用户呈现应用状态；对于 Android 应用而言，Activity 也有类似的功能。

与开发 Web 应用时建立 Servlet 类似，建立自己的 Activity 也需要继承 Activity 基类。当然，在不同应用场景下，有时候也需要继承 Activity 的子类。比如如果应用程序界面只包括列表，那么可以让应用程序继承 ListActivity；如果应用程序界面需要实现标签页面效果，则可以让应用程序继承 TabActivity。

Activity 类间接或直接地继承了 Context、ContextWrapper、ContextThemeWrapper 等基类，因此 Activity 可以直接调用它们的方法。

与 Servlet 类似，当一个 Activity 类定义出来之后，这个 Activity 类何时被实例化，它所包含的方法何时被调用，这些都不是开发者决定的，都应该由 Android 系统来决定。

创建一个 Activity 时需要实现一个或多个方法，其中最常见的就是实现 onCreate (Bundle status)方法，该方法将会在 Activity 创建时回调。在该方法中调用 setContentView 方法来显示要展示的 View。为了管理应用程序中的各组件，调用 Activity 的 findViewById (int id)方法来获取程序界面中的组件，接下来去修改各个组件的方法和属性就可以了。

下面列出 Activity 经常用到的事件：

onKeyDown(int keyCode, KeyEvent event)——按键按下事件

onTouchEvent(KeyEvent event)——单击屏幕事件

onKeyUp(int keyCode, KeyEvent event)——按键松开事件

onTrackballEvent(KeyEvent event)——轨迹球事件

下面以一个项目为例，讲述 Activity 的应用。

1．创建项目

新建一个名为"事件处理"的项目，如图 5.1 所示。

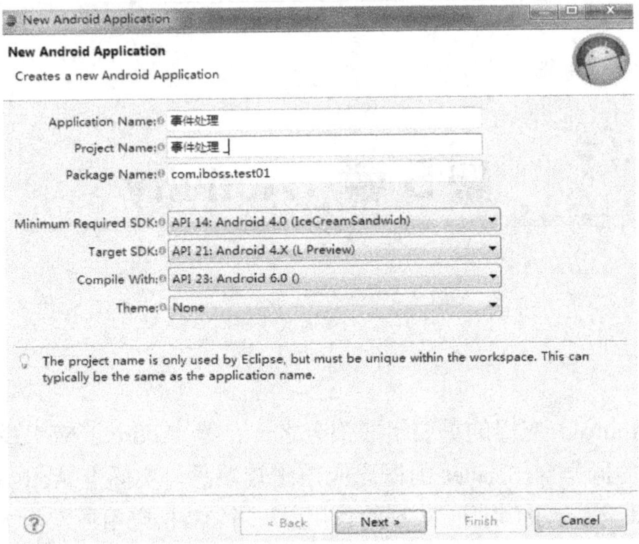

图 5.1

2．编写 EventActivity.java

重写我们需要处理的事件，之后使用 Toast 显示给用户。

编写 EventActivity.java 文件，代码如下：

```java
public class EventActivity extends Activity {
    @Override
    protected void onCreate(Bundle savedInstanceState) {
        super.onCreate(savedInstanceState);
        setContentView(R.layout.activity_event);
    }
    @Override
    public boolean onKeyDown(int keyCode, KeyEvent event) {
        showInfo("按键，按下");
        return super.onKeyDown(keyCode, event);
    }
    @Override
    public boolean onKeyUp(int keyCode, KeyEvent event) {
        showInfo("按键，抬起");
        return super.onKeyUp(keyCode, event);
    }
    @Override
    public boolean onTouchEvent(MotionEvent event) {
        float x=event.getX();
        float y=event.getY();
        showInfo("你单机的坐标为:("+x+":"+y+")");
```

```
        return super.onTouchEvent(event);
    }
    public void showInfo(String info){
        Toast.makeText(this, info, Toast.LENGTH_LONG).show();
    }
}
```

3．执行程序

下面我们来看一下当我们点击相应的事件后，EventActivity 做出的反应，如图 5.2
所示。

图 5.2

当按下按键时，如左图所示；当松开按键时，如右图所示。

当单击屏幕时如图 5.3 所示。

图 5.3

了解了 Activity 就可以对用户的操作进行处理了。前面说到，一个 Activity 就是一个屏幕，它是用户操作的屏幕，也是 Android 显示内容的屏幕，那么必须有另外一个功能：显示 View。当 Activity 类被创建的时候，开发人员就可以通过 SetContentView()接口把 UI 加载到 Activity 创建的屏幕上。当然 Activity 不仅可以全屏显示，而且可以用其他方法实现，例如作为漂浮窗口，或者嵌入到其他的 Activity 中(使用 ActivityGroup)，大部分的 Activity 子类都需要实现 onCreate()接口。

　　onCreate()接口是初始化 Activity 的地方，在这里通常可以调用 setContentView()设置在资源文件中定义的 UI，使用 findViewById()可以获得 UI 中定义的控件。

5.1　Activity 的生命周期

　　Activity 有三种状态，分别是运行状态、暂停状态和停止状态。

　　1) 运行状态

　　当 Activity 在屏幕的最前端时，它是可见的、有焦点的，可以用来处理用户的操作，称为激活或运行状态。值得注意的是，当 Activity 处于运行状态的时候，Android 会尽可能地保存它的运行，即使出现内存不足等情况，Android 也会先杀死堆栈底部的 Activity，来确保运行状态的 Activity 正常运行。

　　2) 暂停状态

　　在某些情况下，Activity 对用户来说，依然是可见的，但不再拥有焦点，即用户对它的操作是没有实际意义的，此时就是暂停状态。例如，在最前端的 Activity 是透明或者没有全屏的，那么下层仍然可见的 Activity 就是暂停状态。暂停的 Activity 仍然是激活的，但当内存不足时，可能会被杀死。

　　3) 停止状态

　　当 Activity 完全不可见时，它就处于停止状态。处于停止状态的 Activity 仍然保留着当前状态和成员信息。然而这些对用户来说，都是不可见的，同暂停状态一样，当系统其他地方需要内存时，它也有被杀死的可能。

　　Activity 状态的变化是人为操作的，而这些状态的改变，也会触发一些事件，我们称它为生命周期事件。生命周期事件一共有七个：

　　　　　void onCreate(Bundle savedInstanceState)
　　　　　void onStart()
　　　　　void onRestart()
　　　　　void onResume()
　　　　　void onPause()
　　　　　void onStop()
　　　　　void onDestroy()

　　这些方法的作用从字面意思都不难理解，可是这些事件都是在什么时候触发的呢？先来看看 Google 的官方文档关于生命周期模型的图示，如图 5.4 所示。

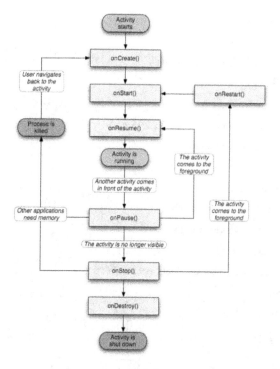

图 5.4

当打开一个 Activity 时，如果该 Activity 实例不存在于 Activity 管理器中，就会触发 onCreate 事件。注意，Activity 的实例不是我们自己创建的，是系统自己创建的。接下来是 onStart 事件，然后是 onResume 事件，此时 Activity 就处于回调状态。

接下来我们通过一个实例讲解一下 Activity 的整个生命周期。

1．创建项目

创建一个名为 ActivityLife 的项目，如图 5.5 所示。

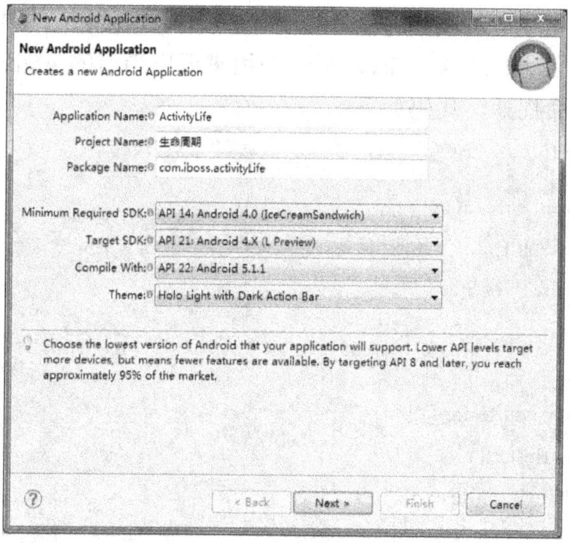

图 5.5

2. 编写 MainActivity.java

编写 MainActivity.java，代码如下：

```java
public class MainActivity extends Activity {
Button    btOpen,btExit;
@Override
protected void onCreate(Bundle savedInstanceState) {
super.onCreate(savedInstanceState);
setContentView(R.layout.activity_main);
Log.i("life", "onCreate...");
btOpen=(Button) findViewById(R.id.open);
btExit=(Button) findViewById(R.id.exit);
//打开一个新的 Activity
btOpen.setOnClickListener(new OnClickListener() {
    @Override
    public void onClick(View v) {
        }
});
    //退出当前 Activity
    btExit.setOnClickListener(new OnClickListener() {
        @Override
        public void onClick(View v) {
            }
        });
    }
```

首先要重写七个相应被触发的方法，以日志的形式输出相应的事件信息，然后添加两个 Button，一个用来启动新的 Activity，另一个用来退出当前的 Activity。

重写它的七个生命周期，代码如下：

```java
    @Override
    protected void onStart() {
        super.onStart();
        Log.i("life", "onStart...");
    }
    @Override
    protected void onRestart() {
        super.onRestart();
        Log.i("life", "onRestart...");
    }
    @Override
```

```
    protected void onResume() {
        super.onResume();
        Log.i("life", "onResume...");
    }
    @Override
    protected void onPause() {
        super.onPause();
        Log.i("life", "onPause...");
    }
    @Override
    protected void onStop() {
        super.onStop();
        Log.i("life", "onStop...");
    }
    @Override
    protected void onDestroy() {
        super.onDestroy();
        Log.i("life", "onDestroy...");
    }
```

再新建一个 OtherActivity，同样重写需要触发的生命周期事件。与 MainActivity.java 类似，在清单文件 AndroidManifest.xml 中写入注册信息，代码如下：

```
<activity
        android:name=".OtherActivity"
    android:theme="@android:style/Theme.Dialog">
    </activity>
```

（注意：android:name=".OtherActivity"的点表示该类与程序在包名相同的包下，读者最好使用包名+类名。Android:theme：设置 Activity 的主题，这里主要是为了达到显示暂停状态而设置。）

处理两个 Button 的事件，代码如下：

```
//打开一个新的 Activity
    btOpen.setOnClickListener(new OnClickListener() {
        @Override
        public void onClick(View v) {
            Intent open=new Intent(MainActivity.this, OtherActivity.class);
            startActivity(open);
        }
    });
//退出当前 Activity
```

```
btExit.setOnClickListener(new OnClickListener() {
    @Override
    public void onClick(View v) {
        // TODO Auto-generated method stub
        finish();
    }
});
```

运行程序，单击"退出"按钮调用 finish()方法结束 Activity 的整个事件的调用。值得注意的是，在调用 finish()之后系统会先调用 onPause()，再调用 onStop()，之后调用onDestroy()，如图 5.6 所示。

Level	Time	PID	TID	Application	Tag	Text
I	03-02 20:15:58.621	1980	1980		life	onCreate...
I	03-02 20:15:58.625	1980	1980		life	onStart...
I	03-02 20:15:58.629	1980	1980		life	onResume...
I	03-02 20:16:17.845	1980	1980	com.iboss.activityLife	life	onPause...
I	03-02 20:16:19.093	1980	1980	com.iboss.activityLife	life	onStop...
I	03-02 20:16:19.093	1980	1980	com.iboss.activityLife	life	onDestroy...

图 5.6

启动应用之后，点击"打开新 Activity"按钮，观看一下触发的相应事件，如图 5.7所示。

Time	PID	TID	Application	Tag	Text
03-02 20:23:08.361	2064	2064		life	onCreate...
03-02 20:23:08.361	2064	2064		life	onStart...
03-02 20:23:08.365	2064	2064		life	onResume...
03-02 20:23:10.681	2064	2064	com.iboss.activityLife	life	onPause...

图 5.7

从 Logcat 控制台上看，新的 Activity 已经启动，而之前的 Activity 还处于可见状态，只是我们再去点击按钮已经没有反应，也就是失焦。此时 MainActivity 处于暂停状态，OtherActivity 处于运行状态。

这里对生命周期做一个总结：

Activity 从创建到运行状态所触发的事件：onCreate()-onStart()-onResume()；

当 Activity 从运行状态到停止状态所触发的事件：onPause()-onStop()；

当 Activity 从停止状态到运行状态所触发的事件：onRestart()-onStart()-onResume()；

当 Activity 从运行状态到暂停状态所触发的事件是：onPause()；

当 Activity 从暂停状态到运行状态所触发的事件是：onResume()。

5.2　Activity 之间的跳转

5.2.1　利用 setContentView()实现页面跳转

在很多项目中需要多个 Activity，但是也有的项目只用到一个 Activity。如果应用只有一个 Activity，它的作用无非就是通过 setContentView()方法载入不同的 Layout 实现页面的跳转。

1. 创建项目

新建一个 Android 项目 oneActivity，如图 5.8 所示

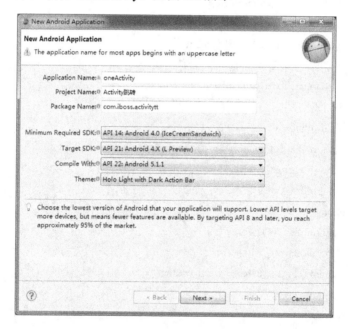

图 5.8

2. 编写 activity_main.xml 文件

在 activity_main.xml 中加入一个按钮，代码如下：

activity_main.xml 文件：

```
<LinearLayout xmlns:android="http://schemas.android.com/apk/res/android"
    xmlns:tools="http://schemas.android.com/tools"
    android:layout_width="match_parent"
    android:layout_height="match_parent"
    android:orientation="vertical"        tools:context="${relativePackage}.${activityClass}">
    <TextView
    android:layout_width="wrap_content"
```

```
        android:layout_height="wrap_content"
        android:text="这是第一页" />
          <Button
        android:id="@+id/btNext"
        android:layout_width="wrap_content"
        android:layout_height="wrap_content"
        android:text="下一页" />
        </LinearLayout>
```

3. 编写 two.xml

新建一个 Layout 文件 two.xml ，代码如下：

two.xml 文件：

```xml
<?xml version="1.0" encoding="utf-8"?>
<LinearLayout xmlns:android="http://schemas.android.com/apk/res/android"
        android:layout_width="match_parent"
        android:layout_height="match_parent"
        android:orientation="vertical">
        <TextView
            android:id="@+id/textView1"
            android:layout_width="wrap_content"
            android:layout_height="wrap_content"
            android:text="这是第二页" />
        <Button
            android:id="@+id/btUp"
            android:layout_width="wrap_content"
            android:layout_height="wrap_content"
            android:text="上一页" />
        </LinearLayout>
```

4. 编写 MainActivity.java

在 MainActivity 中，一开始加载的是 main.xml，单击"下一页"按钮，显示第二页界面，然后单击"上一页"按钮，返回原页面，实现不同页面之间的转换效果，代码如下：

```java
MainActivity.java 文件：
public class MainActivity extends Activity {
    @Override
    protected void onCreate(Bundle savedInstanceState) {
        super.onCreate(savedInstanceState);
        setContentView(R.layout.activity_main);
        Button btNext = (Button) findViewById(R.id.btNext);
        btNext.setOnClickListener(new OnClickListener() {
```

```
        @Override
public void onClick(View v) {
        // TODO Auto-generated method stub
        nextLayout();
    }
    });
}
public void nextLayout(){
    setContentView(R.layout.two);
    Button btUp=(Button) findViewById(R.id.btUp);
    //点击显示上一页
btUp.setOnClickListener(new OnClickListener() {
        @Override
    public void onClick(View v) {
        setContentView(R.layout.activity_main);
findViewById(R.id.btNext).setOnClickListener(new OnClickListener() {

            @Override
        public void onClick(View v) {
            // TODO Auto-generated method stub
            nextLayout();
        }
        });
    }
    });
}
}
```

运行结果如图 5.9 所示。

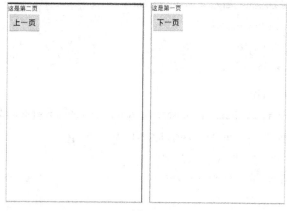

图 5.9

利用 setContentView 来转换页面有一个优点，就是不管是类变量还是类函数都在一个 Activity 中，不需要参数的传递。

5.2.2　利用 Intent 实现 Activity 之间的跳转

1. 创建项目

新建另一个 OtherActivity，并同时创建该 Activity 的布局文件，在清单文件中注册该 Activity。MainActivity 的布局文件如下：

activity_main.xml 文件：

```xml
<LinearLayout xmlns:android="http://schemas.android.com/apk/res/android"
    xmlns:tools="http://schemas.android.com/tools"
    android:layout_width="match_parent"
    android:layout_height="match_parent"
    android:orientation="vertical"
    tools:context="${relativePackage}.${activityClass}">
    <TextView
        android:id="@+id/tvOne"
        android:layout_width="wrap_content"
        android:layout_height="wrap_content"
        android:text="第一个 activity"
        android:textSize="50sp" />
    <EditText
        android:id="@+id/etText"
        android:layout_width="match_parent"
        android:layout_height="wrap_content" />
    <Button
        android:id="@+id/open"
        android:layout_width="wrap_content"
        android:layout_height="wrap_content"
        android:text="跳到第二个"
        android:textSize="50sp" />
</LinearLayout>
```

activity_other.xml 文件：

```xml
<LinearLayout xmlns:android="http://schemas.android.com/apk/res/android"
    xmlns:tools="http://schemas.android.com/tools"
    android:layout_width="match_parent"
    android:layout_height="match_parent"
    android:orientation="vertical"
    tools:context="${relativePackage}.${activityClass}">
```

```
        <TextView
            android:id="@+id/tvShow"
            android:textSize="50sp"
            android:layout_width="wrap_content"
            android:layout_height="wrap_content"
            android:text="第二个 activity" />
    </LinearLayout>
```

2. 编写 MainActivity.java

在 MainActivity 中单击按钮，打开 OtherActivity，这个时候就用到了 Intent(意图)。Intent 用于激活组件和在组件中传递数据。

MainActivity.java 文件：

```java
public class MainActivity extends Activity {
    Button btOpen;
    EditText etText;
    TextView tvOne;
    @Override
    protected void onCreate(Bundle savedInstanceState) {
        super.onCreate(savedInstanceState);
        setContentView(R.layout.activity_main);
        Intent intent=getIntent();
        etText=(EditText) findViewById(R.id.etText);
        tvOne=(TextView) findViewById(R.id.tvOne);
        btOpen=(Button) findViewById(R.id.open);
        btOpen.setOnClickListener(new OnClickListener() {
            @Override
            public void onClick(View v) {
                String content=etText.getText().toString().trim();
                //打开 OtherActivity
                Intent intent=new Intent(MainActivity.this, OtherActivity.class);
                startActivity(intent);
            }
        });
    }
}
```

3. 运行结果

运行应用，结果如图 5.10 左图所示，单击按钮之后，结果如图 5.10 右图所示。

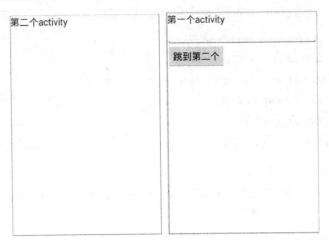

图 5.10

5.2.3　Activity 之间的数据交互

使用 Intent 可以打开一个新的组件，同时也可以携带数据给新的组件。在上个案例中，给 activity_main.xml 布局文件增加 EditText 控件，代码如下：

```xml
<EditText
    android:id="@+id/etText"
    android:layout_width="match_parent"
    android:layout_height="wrap_content" />
```

修改 MainActivity.java 代码如下所示：

```java
public class MainActivity extends Activity {
    Button btOpen;
    EditText etText;
    TextView tvOne;
    @Override
    protected void onCreate(Bundle savedInstanceState) {
        super.onCreate(savedInstanceState);
        setContentView(R.layout.activity_main);
        Intent intent=getIntent();
        etText=(EditText) findViewById(R.id.etText);
        tvOne=(TextView) findViewById(R.id.tvOne);
        btOpen=(Button) findViewById(R.id.open);
        btOpen.setOnClickListener(new OnClickListener() {
            @Override
            public void onClick(View v) {
                String content=etText.getText().toString().trim();
                //打开 OtherActivity
```

```
            Intent intent=new Intent(MainActivity.this, OtherActivity.class);
            intent.putExtra("content", content);
            //startActivity(intent);        //删除此行代码
            //使用此 API，设置请求码为 1，当跳转页面返回时，可以得到返回数据
            startActivityForResult(intent, 1);
            }
        });
    }
    @Override
    protected void onActivityResult(int requestCode, int resultCode, Intent data) {
        // TODO Auto-generated method stub
        String content=data.getStringExtra("result");
        tvOne.setText(content);
    }
}
```

修改 activity_other.xml 布局文件，增加返回按钮。代码如下：

```
<Button
        android:textSize="50sp"
        android:id="@+id/btExit"
        android:layout_width="wrap_content"
        android:layout_height="wrap_content"
        android:text="返回" />
```

在 OtherActivity.java 中修改 onCreate()方法，得到传递来的参数，并且通过 TextView 显示出来。代码如下：

```
public class OtherActivity extends Activity {
    TextView tvShow;
    Button btExit;
    @Override
    protected void onCreate(Bundle savedInstanceState) {
        super.onCreate(savedInstanceState);
        setContentView(R.layout.activity_other);
        //得到
        Intent intent=getIntent();
        tvShow=(TextView) findViewById(R.id.tvShow);
        btExit=(Button) findViewById(R.id.btExit);
        //得到 Intent 传递来的信息
        final String content=intent.getStringExtra("content");
        //将信息显示出来
        tvShow.setText(content);
```

```
btExit.setOnClickListener(new OnClickListener() {
    @Override
    public void onClick(View v) {
        // TODO Auto-generated method stub
        //实例化一个意图对象

Intent data=new Intent();
        //绑定数据
        data.putExtra("result", "otherActivity"+content);
        //设置结果码已经意图对象
        setResult(2, data);
        //挂关闭 Activity
        OtherActivity.this.finish();
    }
});
    }
}
```

在第一个界面中输入"你好"，点击跳转按钮，运行如图 5.11 所示。OtherActivity 界面显示了我们输入的信息。

图 5.11

这样就实现了从一个 Activity 跳转到另外一个 Activity 时携带信息数据。有些时候需要跳转的页面返回数据，如何实现呢？我们需要使用新的 API 实现组件的跳转：

startActivityForResult(Intent intent, int requestCode):

参数 1：intent 意图，跳转到哪个组件。

参数 2：requestCode：请求码，请求码的值是根据业务需要由自己设定的，用于标识请求来源。例如：一个 Activity 有两个按钮，点击这两个按钮都会打开同一个 Activity，不管是哪个按钮打开新 Activity，当这个新 Activity 关闭后，系统都会调用前面 Activity 的

onActivityResult(int requestCode, int resultCode, Intent data)方法。

setResult(int resultCode, Intent intent)

当通过 startActivityForResult(Intent intent, int requestCode)这一方法打开新的界面返回数据时，通过调用此方法，携带数据返回给上一组件。

参数 1：resultCode 结果码。一个 Activity 可以通过 startActivityForResult 打开不同的 Activity。当都需要数据返回时，通过此结果码来区分是由哪一个 Activity 返回的数据。

参数 2：intent 意图。

protected void onActivityResult(int requestCode, int resultCode, Intent data)

当返回上一界面时，想得到返回的数据，需要重写此方法。

参数 1：requestCode　　请求码

参数 2：resultCode　　　结果码

参数 3：data　　　　　　返回参数

在案例中，修改以下代码：

在 MainActivity.java 中修改如下：

```java
public class MainActivity extends Activity {
    Button btOpen;
    EditText etText;
    TextView tvOne;
    @Override
    protected void onCreate(Bundle savedInstanceState) {
        super.onCreate(savedInstanceState);
        setContentView(R.layout.activity_main);
        Intent intent=getIntent();
        etText=(EditText) findViewById(R.id.etText);
        tvOne=(TextView) findViewById(R.id.tvOne);
        btOpen=(Button) findViewById(R.id.open);
        btOpen.setOnClickListener(new OnClickListener() {
            @Override
            public void onClick(View v) {
                String content=etText.getText().toString().trim();
                //打开 OtherActivity
                Intent intent=new Intent(MainActivity.this, OtherActivity.class);
                intent.putExtra("content", content);
                //startActivity(intent); //删除此行代码
                //使用此 API 设置请求码为1，当跳转页面返回时，可以得到返回数据
                startActivityForResult(intent, 1);
            }
        });
```

```
        }
        @Override
        protected void onActivityResult(int requestCode, int resultCode, Intent data) {
            // TODO Auto-generated method stub
            String content=data.getStringExtra("result");
            tvOne.setText(content);
        }
    }
```

在 OtherActivity.java 得到数据后，点击返回按钮，在返回按钮的点击事件中，设置结果码以及传递回去的数据，在主界面显示出来。

OtherActivity.java 的代码修改如下：

```
public class OtherActivity extends Activity {
    TextView tvShow;
    Button btExit;
    @Override
    protected void onCreate(Bundle savedInstanceState) {
        super.onCreate(savedInstanceState);
        setContentView(R.layout.activity_other);
        //得到
        Intent intent=getIntent();
        tvShow=(TextView) findViewById(R.id.tvShow);
        btExit=(Button) findViewById(R.id.btExit);
        //得到 Intent 传递来的信息
        final String content=intent.getStringExtra("content");
        //将信息显示出来
        tvShow.setText(content);
        btExit.setOnClickListener(new OnClickListener() {
            @Override
            public void onClick(View v) {
                // TODO Auto-generated method stub
                //实例化一个意图对象
                Intent data=new Intent();
                //绑定数据
                data.putExtra("result", "otherActivity"+content);
                //设置结果码以及意图对象
                setResult(2, data);
                //关闭 Activity
                OtherActivity.this.finish();
```

```
            }
        });
    }
}
```

　　通过 setResult 方法设置返回上一 Activity，在 MainActivity 中需要重写 onActivityResult()
方法，运行程序，结果如图 5.12 所示。

图 5.12

到此，组件 Activity 的基本知识介绍完毕。

第6章　Service

Service 是 Android 四大组件中与 Activity 最相似的组件，它们都代表可执行的程序。Service 与 Actvity 的区别在于：Service 一直在后台运行，它没有用户界面，所以绝不会到前台来。Service 完全具有自己的生命周期，关于程序中 Activity 与 Service 的选择标准是：如果某个程序组件需要在运行期间向用户呈现某种界面，或者该程序需要与用户交互，就需要使用 Activity；否则就应该考虑使用 Service。

开发 Service 的步骤与 Activity 的步骤相似，开发 Service 组件需要创建一个 Service 的子类，然后在清单文件中配置该 Service。

Service 的特点：

(1) Service 是一个应用程序组件(Component)，与 Activity、BroadcastReceiver 在一个层次；

(2) Service 没有图形界面；

(3) Service 通常用来处理一些耗时较长的操作(如下载、播放音乐)，如果用 BroadcastReceiver 处理超过 10s 的操作通常会报错；

(4) 可以使用 Service 更新 ContentProvider，发送 Intent 以及启动系统的通知等。

6.1　创建配置 Service

开发 Service 的步骤如下：

(1) 定义一个继承 Service 的子类。

(2) 在清单文件中配置该 Service。

Service 生命周期方法：

IBinder onBind(Intent intent)：该方法是 Service 子类必须实现的方法。该方法返回一个 IBinder 对象，应用程序可通过该对象与 Servcie 组件通信。

void onCreate()：当该 Service 第一次被创建后将立即回调该方法。

void onDestroty()：当该 Service 被关闭时将会回调此方法。

Void onStartConmmand(Intent intent ,int flags,int startId)：每次客户端调用 startService(Intent) 方法启动该 Service 时都会调用该方法。

Boolean onUnbind(Intent intent)：当该 Service 上绑定的所有客户端都断开连接时回调该方法。

6.2　启动 Service

6.2.1　使用 startService()启动服务

通过 Context 的 startService()方法启动的服务，访问者之间没有关联，即使访问者退出了，Service 依然存在。

下面的程序将在 Activity 中启动 Service。该 Activity 的界面中包含两个按钮，一个开启，一个关闭。我们将在程序中查看 log 日志，理解 Service 的生命周期。

1．创建项目

创建一个 MyService 类继承 Service：重写 onCreate()，onDestroy()，onStartCommand(Intent intent，int flags)方法。

MyService.java 文件：

```java
public class MyService    extends Service{
    @Override
    public IBinder onBind(Intent intent) {
        // TODO Auto-generated method stub
        return null;
    }
    /**
     * 创建服务
     */
    @Override
    public void onCreate() {
        // TODO Auto-generated method stub
        System.out.println("oncreate...");
        super.onCreate();
    }
    /**
    * 开启服务
    */
    @Override
    public int onStartCommand(Intent intent, int flags, int startId) {
        // TODO Auto-generated method stub

        System.out.println("onStartCommand...");
        return super.onStartCommand(intent, flags, startId);
```

```
    }
    /**
     * 关闭服务
     */
    @Override
    public void onDestroy() {
        // TODO Auto-generated method stub
        System.out.println("onDestroy...");
        super.onDestroy();
    }
}
```

2. 在清单文件中注册 Service

代码如下：

```xml
<service
android:name="com.example.day050401_service.MyService">
</service>
```

3. 编写布局文件

activity_main.xml 文件：

```xml
<LinearLayout xmlns:android="http://schemas.android.com/apk/res/android"
    android:layout_width="fill_parent"
    android:layout_height="fill_parent"
    android:orientation="vertical">
    <Button
        android:onClick="start"
        android:id="@+id/button1"
        android:layout_width="wrap_content"
        android:layout_height="wrap_content"
        android:text="开启" />
    <Button
        android:onClick="start"
        android:id="@+id/button2"
        android:layout_width="wrap_content"
        android:layout_height="wrap_content"
        android:text="停止" />
</LinearLayout>
```

在 xml 布局文件中，定义了两个 Button，并且给每一个 Button 绑定了点击事件，在此我们通过 android:onClick="start" 方法绑定事件。在 MainActivity.java 文件中处理点击事件。

4．编写 MainActivity.java 文件

MainActivity.java 文件：

```java
public class MainActivity extends Activity {
    private Intent service;
    @Override
    protected void onCreate(Bundle savedInstanceState) {
        super.onCreate(savedInstanceState);
        setContentView(R.layout.activity_main);
        service = new Intent(this, MyService.class);
    }
    public void start(View view) {
        switch (view.getId()) {
        case R.id.button1:
            startService(service);
            break;
        case R.id.button2:
            stopService(service);
            break;
        default:
            break;
        }
    }
}
```

在 MainActivity.java 类中，定义 start(View view)方法，格式必须是 public void start(View view)，方法名必须与布局文件中绑定的方法名一样。通过 view.getId()方法得到触发该点击事件的控件。

5．运行程序

主界面如图 6.1 所示。

图 6.1

点击界面上的开启按钮，我们可以看到如图 6.2 所示的 log 输出：

Search for messages. Accepts Java regexes. Prefix with pid:, app:, tag: or text: to limit scope.						
Level	Time	PID	TID	Application	Tag	Text
I	03-08 08:10:19.017	1900	1900	com.example.day050401_service	System.out	oncreate...
I	03-08 08:10:19.017	1900	1900	com.example.day050401_service	System.out	onStartCommand...

图 6.2

当点击开启按钮时，通过 startService(Intent intnent)方法创建服务，可以很清楚地看到当第一次开启服务的时候，首先调用了 onCreate()方法，然后是 onStartCommand()方法。

点击界面上的停止按钮，如图 6.3 所示。

Search for messages. Accepts Java regexes. Prefix with pid:, app:, tag: or text: to limit scope.						
Level	Time	PID	TID	Application	Tag	Text
I	03-08 08:10:19.017	1900	1900	com.example.day050401_service	System.out	oncreate...
I	03-08 08:10:19.017	1900	1900	com.example.day050401_service	System.out	onStartCommand...
I	03-08 08:12:03.649	1900	1900	com.example.day050401_service	System.out	onDestroy...

图 6.3

在此点击事件中使用 stopService()关闭服务，服务将调用 onDestroy()方法。

6.2.2 使用 BindService()启动服务

当程序通过 startService()和 stopService()来启动和关闭 Service 时，Service 与访问者之间基本上不存在太多的关联，因此 Service 和访问者之间也无法进行通信和数据交换。

如果 Service 与访问者之间需要进行方法调用或者数据交换，则应该使用 BindService()方法启动。方法如下：

      BindService(Intent service, ServiceConnection conn,int flags)：

参数 service：该参数通过 Intent 指定要启动的 Service。

参数 conn：该参数是一个 ServiceConnection 对象，该对象用于监听访问者与 Service 之间的连接情况。当访问者与 Service 之间连接成功时将回调该 ServiceConnection 对象的 onServiceConnected(ComponentName name,IBinder service)方法；当 Service 所在的宿主进程由于异常终止或由于其他原因终止，导致该 Service 与访问者之间断开连接时回调该对象的 onServiceDisconnected(ComponentName name)方法。

参数 flags：指定绑定时是否自动创建 Service(如果 Service 还未创建)。该参数可指定为 0 或者 BIND_AUTO_CREATE(自动创建)。

在 ServiceConncetion 对象的 onServiceConnected 方法中有一个 IBinder 对象，利用该对象可以实现与绑定的 Service 之间的通信。

当开发 Service 类时，该 Service 类必须提供一个 IBinder onBind(Intent intent)方法，在绑定 Service 的情况下，onBind(Intent intent)方法返回的 IBinder 对象将会传给

ServiceConnection 对象里的 onServiceConnected()方法中的 Service 参数,这样访问者就可通过该 IBinder 对象与 Service 进行通信。

实际上开发时通常会采用继承 Binder(IBinder 的实现类)的方式来实现自己的 IBinder 对象。

下面的程序示范如何在 Activity 中绑定本地服务 Service,并获取 Service 的运行状态。该程序的 Service 类需要"真正"实现 OnBind()方法,并让该方法返回一个有效的 IBinder 对象,该程序的 Service 代码如下:

MyBindService.java 文件:

```java
public class MyBindService    extends Service{
    private boolean exit=false;//线程控制变量,
    private int count;
    private MyBinder binder=new MyBinder();
    //通过继承 Binder 来实现 IBinder 类
    //①
    public class MyBinder extends Binder{ (
        public int getCount(){
            return count;
        }
    }
    @Override
    public IBinder onBind(Intent intent) {
        Log.i("bindService", "onBind is running..");
        //返回 Binder 对象,该对象为 Service 与访问者通信的桥梁
        return binder;
    }
    @Override
    public void onCreate() {
        super.onCreate();
        Log.i("bindService", "onCreate is running..");
        //开启一个线程,用于改变 count 的值
        new Thread(){
            public void run() {
                try {
                    //开启死循坏,增加 count 的值
                    while(!exit){
                        Thread.sleep(1000);
                        count++;
                    }
                } catch (Exception e) {
```

```
                          // TODO: handle exception
                }
            };
        }.start();
    }
    @Override
    public int onStartCommand(Intent intent, int flags, int startId) {
        Log.i("bindService", "onStartCommand is running..");
        return super.onStartCommand(intent, flags, startId);
    }
    @Override
    public void onDestroy() {
        Log.i("bindService", "onDestroy is running..");
        //设置控制变量为 true,当关闭此 Service 时，在 onCreate 中开启的线程也退出死循坏
        this.exit=true;
        super.onDestroy();
    }
    @Override
    public boolean onUnbind(Intent intent) {
        Log.i("bindService", "onUnbind is running..");
        return super.onUnbind(intent);
    }
}
```

上面 Service 类实现了 onBind()方法，该方法返回了一个可访问该 Service 状态数据 (count)的 IBinder 对象，可以将该对象传给 Service 的访问者。

上面程序的①号代码通过继承 Binder 类实现了一个 IBinder 对象，这个 MyBinder 对象是 Service 的内部类，这对于绑定本地 Service 并与之通信的场景是一种常见的情形。

接下来用一个 Activity 来绑定该 Service，并在该 Activity 中通过 MyBinder 对象访问 Service 的内部状态。该 Activity 的界面上包含三个按钮，第一个按钮用于绑定 Service，第二个按钮用于解除绑定，第三个按钮则用于获取 Service 的运行状态。在布局文件中给三个按钮绑定事件监听。该 Activity 的代码如下：

MainActivity 文件：

```
public class MainActivity extends Activity {
    Button btBind, btUnbind, btHold;
    Intent service;
    //Service 与访问者的沟通对象
    MyBindService.MyBinder binder;
    //定义一个 ServiceConnction 对象
    private ServiceConnection conn=new ServiceConnection() {
```

```
        //当该 Activity 与 Service 断开时回调该方法
        @Override
            public void onServiceDisconnected(ComponentName name) {
                Log.i("bindService", "----Service disConnceted--");
            }
        @Override
        public void onServiceConnected(ComponentName name, IBinder service) {
            Log.i("bindService", "----Service connceted--");
            //获取 Service 的 onBind 方法返回的 MyBinder 对象
            binder=(MyBinder) service;// ①
        }
    };
    @Override
    protected void onCreate(Bundle savedInstanceState) {
        super.onCreate(savedInstanceState);
        setContentView(R.layout.activity_main);
        btBind=(Button) findViewById(R.id.bind);
        btUnbind=(Button) findViewById(R.id.unbind);
        btHold=(Button) findViewById(R.id.hold);
        service=new Intent(this,MyBindService.class);
    }
    public void open(View view) {
        switch (view.getId()) {
        case R.id.bind://绑定服务
            bindService(service, conn, Service.BIND_AUTO_CREATE);
            break;
        case R.id.unbind://解除绑定 Service
            unbindService(conn);
            break;
        case R.id.hold://得到 Service 的 count 值，利用 Log 显示出来
            int count=binder.getCount();
            Log.i("bindService", "count="+count);// ②
            break;
        default:
            break;
        }
    }
}
```

上面的程序中①号代码用于在该 Activity 与 Service 连接成功时获取 Service 的 onBind()
方法所返回的 MyBinder 对象；程序的②号代码即可通过 MyBinder 对象来访问 Service 的
运行状态。

运行该程序，单击程序界面中的"绑定"按钮，即可看到图 6.4 所示 LogCat 的输出。

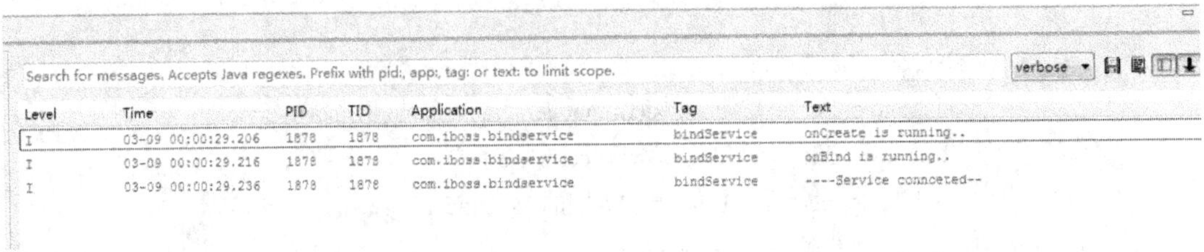

图 6.4

如图 6.4 所示，绑定 Service 时，先启动 onCreate 方法，再调用 onBind 方法，最后是
ServiceConncetion 中的 onServiceConnected 方法。点击解除按钮，LogCat 输出如图 6.5 所示。

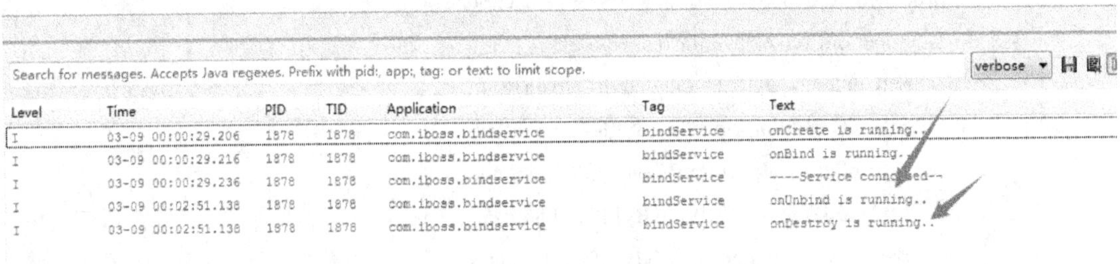

图 6.5

点击解除按钮时，先调用 onUnbind 方法，然后是 onDestroy 方法。

再次点击绑定后，绑定服务，点击获取按钮，即可得到 Service 中的 count 值，如图 6.6
所示。

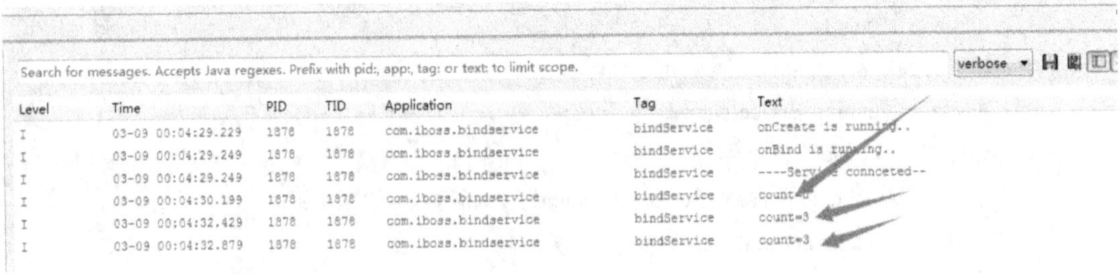

图 6.6

如图 6.6 所示，可以直观地看到获取的 count 的值。

与多次调用 StartService()方法启动 Service 不同的是，多次调用 bindService 方法并不会
执行重复绑定，对于上一个程序，用户每一次单击启动 Service 时，系统都会回调 Service
的 onStartCommand 方法一次，对于这个实例程序，不管用户单击多少次绑定按钮，系统都
只会回调 Service 的 onBind 方法一次。

6.3　IntentService 的使用

IntentService 是 Service 的子类，但不是普通的 Service，它比普通的 Service 增加了额外的功能。

先来看看 Service 本身存在的问题：

(1) Service 不会专门启动一个单独的线程，Service 与它所在应用位于同一个进程中。

(2) Service 也不是一个专门的新的线程，它不能执行处理耗时的任务。

而 IntentService 正好可以解决上述不足：IntentService 将会使用队列来管理请求 Intent，每当客户端代码通过 Intent 请求启动 IntentService 时，IntentService 会将该 Intent 加入队列中，然后开启一条新的工作线程来处理该 Intent。处理异步的 StartService()请求时，IntentService 会按次序依次处理队列中的 Intent，该线程保证同一时刻只处理一个 Intent。由于 IntentService 使用新的工作线程处理 Intent 请求，因此 IntentService 不会阻塞主线程。

IntentService 具有如下特征：

● IntentService 的内部已经创建了一个工作线程，服务一旦启动，这个工作线程就会执行。

● IntentService 内部会有一个任务队列，任务队列的每一个任务会保存这次任务的 intent 对象，然后工作线程会依次从队列中取出任务，并且调用 IntentService 中的 onHandleIntent 方法执行该任务。

● 当任务队列中所有的任务全部执行完毕后，任务就会自然终止，不需要自己去终止服务。

● 如果主动去停止这个服务，那么 IntentService 会立即销毁，但是他的工作线程不会立即退出，而是要把当前正在执行的任务做完后自动退出，队列中未执行的任务不再执行。

下面案例的界面主要包含了两个文本框、两个按钮。两个按钮分别启动 Service 和 IntentService，两个 Service 都需要执行耗时任务；两个文本框用于显示耗时任务所在的线程。

案例的布局文件如下：

```
<LinearLayout xmlns:android="http://schemas.android.com/apk/res/android"
    android:layout_width="fill_parent"
    android:layout_height="fill_parent"
    android:orientation="vertical">

    <Button
        android:onClick="open"
        android:id="@+id/btService"
        android:layout_width="wrap_content"
```

```
        android:layout_height="wrap_content"
        android:text="Button" />
    <Button
        android:onClick="open"
        android:id="@+id/btIntentService"
        android:layout_width="wrap_content"
        android:layout_height="wrap_content"
        android:text="Button" />
</LinearLayout>
```

在 MainActivity.java 中，单击相应按钮时，LogCat 会输出相应的线程名以及执行结果。编码如下：

MainActivity.java 文件：

```
public class MainActivity extends Activity {
    @Override
    protected void onCreate(Bundle savedInstanceState) {
        super.onCreate(savedInstanceState);
        setContentView(R.layout.activity_main);
        Log.i("intentService", "MainActivity 所运行的线程 id："+Thread.currentThread().getId());

    }
    public void open(View view) {
        switch (view.getId()) {
        case R.id.btService:
            //创建需要启动的 Service 的 intent
            Intent service=new Intent(this,MyService.class);
            startService(service);
            break;
        case R.id.btIntentService:
            //创建需要启动的 IntentService 的 intent
            Intent inten=new Intent(this, MyIntentService.class);
            startService(inten);
            break;
        default:
            break;
        }
    }
}
```

注意 MyService 以及 MyIntentService 都需要在清单文件中配置。

上面 Activity 的两个事件处理方法中分别启动 MyService 以及 MyIntentService，其中 MyService 是继承 Service 的子类，而 MyIntentService 是继承了 IntentService 的子类。下面是 MyService 类的代码：

MyService.java 文件：

```java
public class MyService    extends Service{
    @Override
    public IBinder onBind(Intent intent) {
        // TODO Auto-generated method stub
        return null;
    }
@Override
    public int onStartCommand(Intent intent, int flags, int startId) {
        // TODO Auto-generated method stub
        Log.i("intentService", "MyService 所运行的线程 id： "+Thread.currentThread().getId());
        try {
            //执行耗时任务，得到 20 秒；
            Thread.sleep(200000);
Log.i("intentService", "MyService 所运行的耗时任务结束");
        } catch (Exception e) {
            // TODO: handle exception
        }
        return super.onStartCommand(intent, flags, startId);
    }
}


@Override
    public int onStartCommand(Intent intent, int flags, int startId) {
        // TODO Auto-generated method stub
        Log.i("intentService", "MyService 所运行的线程 id： "+Thread.currentThread().getId());

        try {
            //执行耗时任务，得到 20 秒；
            Thread.sleep(200000);
            Log.i("intentService", "MyService 所运行的耗时任务结束");

        } catch (Exception e) {
            // TODO: handle exception
```

```
        }

        returnsuper.onStartCommand(intent, flags, startId);
    }
}
```

上面的 MyService 在 onStartCommand 方法中使用线程睡眠的方式模拟了耗时任务，该线程睡眠了 20 秒，相当于执行耗时任务 20 秒，由于普通 Service 的执行会阻塞主线程，因此启动该服务将会导致程序出现 ANR 异常

下面是 MyIntentService 类的代码：

MyIntentService.java 文件：

```java
public class MyIntentService extends IntentService{
    public MyIntentService(String name) {
        super("MyIntentSercice");
        // TODO Auto-generated constructor stub
    }
    @Override
    protected void onHandleIntent(Intent intent) {
        // TODO Auto-generated method stub
Log.i("intentService", "MyIntnentService 所运行的线程 id： "+Thread.currentThread().getId());
Log.i("intentService", Thread.currentThread().getName());
        try {
            //执行耗时任务，得到 20 秒；
            Thread.sleep(200000);
            Log.i("intentService", "MyIntnentService 所运行的耗时任务结束");

        } catch (Exception e) {
            // TODO: handle exception
        }
    }
}
```

当点击“打开 Service”按钮时，Logcat 出现如图 6.7 所示日志。

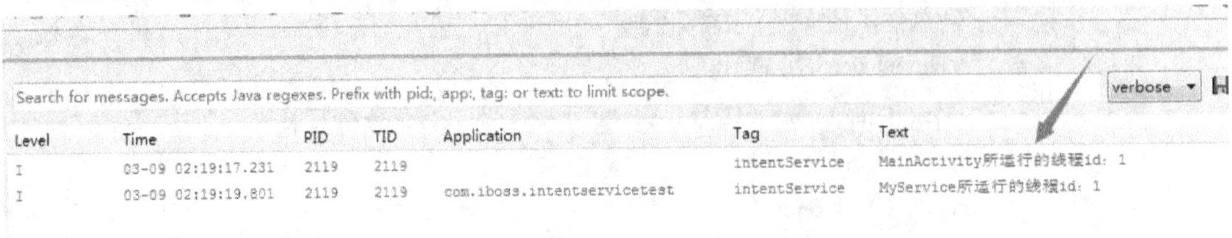

Level	Time	PID	TID	Application	Tag	Text
I	03-09 02:19:17.231	2119	2119		intentService	MainActivity所运行的线程id: 1
I	03-09 02:19:19.801	2119	2119	com.iboss.intentservicetest	intentService	MyService所运行的线程id: 1

图 6.7

MyService 运行的线程 Id 与主线程运行的 Id 是相同，也就是说打开的 Service 是运行在主线程中，在主线程中执行耗时任务将会出现 ANR 异常，执行结果如图 6.8 所示。

图 6.8

点击"打开 IntentService"按钮，查看图 6.9 所示 LogCat 输出：

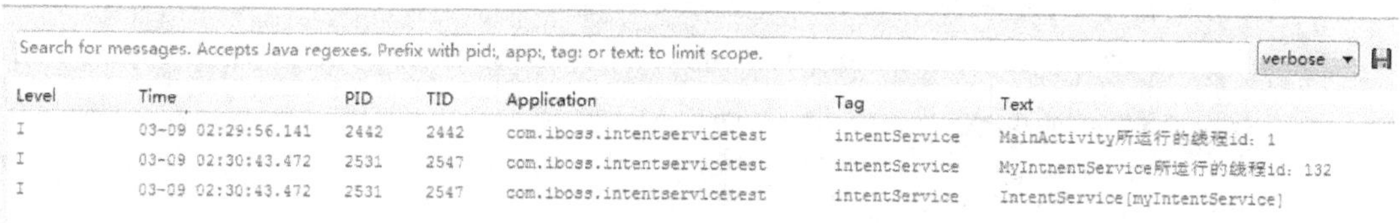

Level	Time	PID	TID	Application	Tag	Text
I	03-09 02:29:56.141	2442	2442	com.iboss.intentservicetest	intentService	MainActivity所运行的线程id: 1
I	03-09 02:30:43.472	2531	2547	com.iboss.intentservicetest	intentService	MyIntnentService所运行的线程id: 132
I	03-09 02:30:43.472	2531	2547	com.iboss.intentservicetest	intentService	IntentService[myIntentService]

图 6.9

在上图中，主线程 Id 与 Service 运行的线程 Id 是不一样的，证明利用 IntentService 给耗时任务开设了新的线程，从而正常执行耗时任务。值得注意的是，当自定义的类继承 IntentService 时，会自动增加带参数的构造方法，当程序执行时，会出现初始化错误，需要我们修改有参构造为无参构造。在构造方法中调用 super（"service name"），service name 即为开设的线程名。

6.4　远程服务(AIDL)

服务的分类：
- 本地服务：服务和启动它的组件在同一个进程中。
- 远程服务：服务和启动它的组件在不同的进程中。

下面这个案例我们尝试跨进程通信，能否在一个进程中打开其他进程中的服务。该案例中我们用到了 2 个项目，一个是远程服务的服务端，另一个是返回远程服务的客服端。在客服端中，我们定义一个 MyRemoteService 类以及一个 PublishFind 接口。MyRemoteService 的代码如下：

MyRemoteService.java 文件：

```java
public class MyRemoteService    extends Service{
    private MyBinder binder=new MyBinder();
    public class MyBinder extends Binder implements PublicFind{
        @Override
        public void find() {
            // TODO Auto-generated method stub
            Log.i("remote", "调用了 远程服务");
        }
    }
    @Override
    public IBinder onBind(Intent intent) {
        // TODO Auto-generated method stub
        Log.i("remote", "绑定了远程服务");
return binder;
}
    @Override
    public void onCreate() {
        // TODO Auto-generated method stub
        super.onCreate();
        Log.i("remote", "启动了远程服务");
    }
    @Override
    public boolean onUnbind(Intent intent) {
        // TODO Auto-generated method stub
        Log.i("remote", "解除了 绑定");
        return super.onUnbind(intent);
    }
    @Override
    public void onDestroy() {
        // TODO Auto-generated method stub
        Log.i("remote", "关闭了 远程服务");
        super.onDestroy();
    }
}
```

在清单文件中注册该 service 并且指定它的 action，代码如下：

```xml
<service android:name="com.iboss.remoteService.MyRemoteService">
<intent-filter >
<action android:name="com.iboss.remoteService"/>
```

```
    </intent-filter>
    </service>
```

PublicFind.java 的代码如下，提供了一个 find()方法。

PublicFind.java 文件：

```
public interface PublicFind {
void find();
    }
```

在 MyRemoteService 中一个"代理"类 MyBinder 继承 Binder 实现了 PublicFind 接口。

在此，远程服务端已经开发完毕，我们能否从别的进程开启此服务呢？现在开始写客服端。新建一个项目，项目名为"开启服务"。

它的 MainActivity 的布局文件有 5 个按钮，依次为开启服务、关闭服务、绑定服务、解除绑定和远程调用。布局文件如下：

```xml
<LinearLayout xmlns:android="http://schemas.android.com/apk/res/android"
    android:layout_width="fill_parent"
    android:layout_height="fill_parent"
    android:orientation="vertical">
    <Button
        android:id="@+id/btOpen"
        android:layout_width="wrap_content"
        android:layout_height="wrap_content"
        android:onClick="open"
        android:text="开启服务" />
    <Button
        android:id="@+id/btClose"
        android:layout_width="wrap_content"
        android:layout_height="wrap_content"
        android:onClick="open"
        android:text="关闭服务" />
    <Button
        android:id="@+id/btBind"
        android:layout_width="wrap_content"
        android:layout_height="wrap_content"
        android:onClick="open"
        android:text="绑定服务" />
    <Button
        android:id="@+id/btUnbind"
        android:layout_width="wrap_content"
        android:layout_height="wrap_content"
        android:onClick="open"
```

```
                    android:text="解除绑定" />
            <Button
                    android:id="@+id/btRemote"
                    android:layout_width="wrap_content"
                    android:layout_height="wrap_content"
                    android:onClick="open"
                    android:text="远程调用" />
        </LinearLayout>
```

在 MainActivty 中，当点击开启服务和关闭服务时代码如下。其他几个按钮的点击事件暂不处理，先观察是否能远程打开另外一个程序的服务。具体代码如下：

MainActivity.java 文件：

```java
public class MainActivity extends Activity {
    @Override
    protected void onCreate(Bundle savedInstanceState) {
        super.onCreate(savedInstanceState);
        setContentView(R.layout.activity_main);
        //使用隐式启动服务,传入 action
        service=new Intent("com.iboss.remoteService");
    }
    Intent service=null;
    public void open(View view) {
        switch (view.getId()) {
        case R.id.btOpen://启动远程服务
            startService(service);
            break;
        case R.id.btClose://关闭远程服务
            stopService(service);
            break;
        case R.id.btBind:
            break;
        case R.id.btUnbind:
            break;
        case R.id.btRemote:
            break;
        default:
            break;
        }
    }
}
```

在上面代码中 使用隐式启动服务(加粗部分所示)。先运行远程服务端，运行后，再启动客户端。客服端运行如图 6.10 所示，依次点击开启服务和关闭服务。

10:10
RemoteClient
启动服务
关闭服务
绑定服务
解除绑定
远程调用

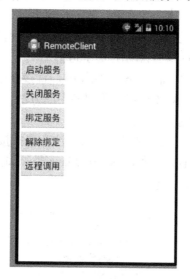

图 6.10

点击按钮，观察 LogCat 输出，如图 6.11 所示。

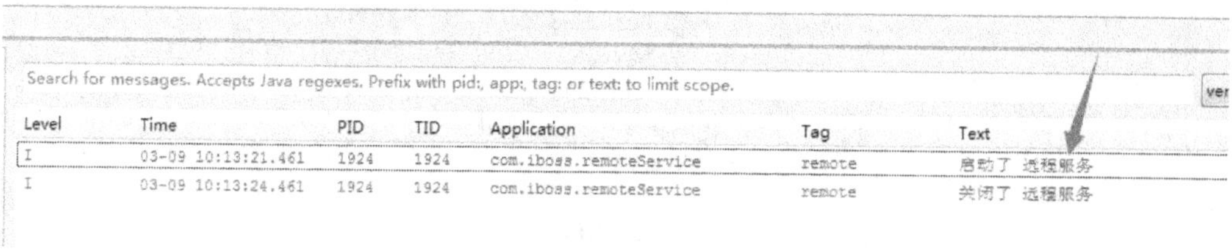

Search for messages. Accepts Java regexes. Prefix with pid:, app:, tag: or text: to limit scope.
Level Time PID TID Application Tag Text
I 03-09 10:13:21.461 1924 1924 com.iboss.remoteService remote 启动了 远程服务
I 03-09 10:13:24.461 1924 1924 com.iboss.remoteService remote 关闭了 远程服务

图 6.11

通过 LogCat 的输出，我们可以很清晰地看到在客户端开启了服务端的服务。由此可以看出，通过隐式启动服务，是能够跨进程开启服务的，可是能否跨进程调用服务中的方法呢？在前面的章节中，我们通过 BindService()方法绑定服务，然后调用服务中的服务，通过 BindService 方法绑定服务，需要用到 ServiceConnection 实现类，访问者与服务获取连接时，使用此实现类作为桥梁获得 Service 中的“代理”对象。在案例中服务端与客户端(访问者)不在同一个进程中，无法直接获取“代理”对象，即无法在 ServiceConncetion 的 onServiceDisconnected 方法中得到“代理”对象。如何解决这个问题呢？这就是我们马上需要学习的 AIDL。

AIDL：Android Interface Definition Language (安卓接口定义语言)。

作用：跨进程通信。

应用场景：远程服务中的“代理”对象，其他应用是拿不到的，那么在通过绑定服务获取“代理”对象时，就无法强制转换。使用 AIDL，就可以在其他应用中拿到“代理”类所实现的接口。

使用 AIDL 的步骤如下：

(1) 把远程服务需要用到的远程方法抽成一个单独的接口 java 文件。

(2) 把接口 java 文件的后缀名改成 aidl。

(3) 在 gen 文件下一个自动生成的文件里，有一个静态抽象类 Stub，它已经继承了 Binder 和实现"代理"接口，这个类就是新的"代理"类，继承这个"代理"类即可。

(4) 把 aidl 文件复制粘贴到新的项目里面，aidl 文件所在的包名必须跟远程服务 AIDL 的包名完全一致，在新的项目也会自动生成 Stub 静态类。

(5) 在客户端的 ServiceConncetion 实现类中，直接使用 Stub.asInterface(service)得到 "代理"对象，通过"代理"对象调用远程服务中的方法。

根据这 5 步来修改上一案例如下：

修改 PublicFind.java 类，改变后缀名为 aidl，注意去掉接口的 public 修饰符，修改完成 后，在 gen 文件夹下会自动生成一个 PublicFind.java 类，如图 6.12 所示。

图 6.12

改变 PublicFind 的后缀名后，MyRemoteService 将会报错，我们做一下修改，如图 6.13 所示。

```
private MyBinder binder=new MyBinder();
public class MyBinder extends Binder implements PublicFind{
    @Override
    public void find() {
        // TODO Auto-generated method stub
        Log.i("remoteService", "调用了远程服务");
    }
}
```

```
private MyBinder binder=new MyBinder();
public class MyBinder extends Stub{
    @Override
    public void find() {
        // TODO Auto-generated method stub
        Log.i("remoteService", "调用了远程服务");
    }
}
```

图 6.13

此时，"代理"对象不再继承 Binder 实现 PublicFind 接口，而是继承一个陌生的 Stub 类，那么 Stub 类是哪里产生的类？读者们可能已经猜到了，在自动生成的 PublicFind.java 中产生的，如图 6.14 所示。

```
public static abstract class Stub extends android.os.Binder implements com.iboss.remoteService.PublicFind
{
private static final java.lang.String DESCRIPTOR = "com.iboss.remoteService.PublicFind";
/** Construct the stub at attach it to the interface. */
public Stub()
{
this.attachInterface(this, DESCRIPTOR);
}
```

图 6.14

在自动生成的 PublicFind.java 中自动生成了一个 Stub 的抽象类,该抽象类继承了 Binder 类，并且实现了 PublicFind 接口，我们就用它作为"代理"类的父类。

根据我们前面所写的步骤，我们复制 publicFind.aidl 文件到客户端,注意包名的一致性,在客户端 gen 文件夹下也生成了一个 PublicFind.java 文件，如图 6.15 所示。

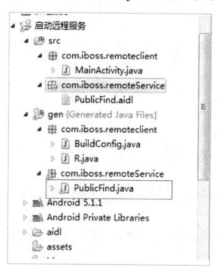

图 6.15

在上图中我们可以看到 gen 文件下也自动生成了一个包以及 PublicFind.java。自动生成的 public.java 与服务端生成的 public.java 在 Android 手机中是同一个类，所以才可以找到"代理"方法，实现远程调用。客户端 MainActivity.java 的代码如下:

```
public class MainActivity extends Activity {
    private PublicFind pf;//-------①
    @Override
    protected void onCreate(Bundle savedInstanceState) {
        super.onCreate(savedInstanceState);
        setContentView(R.layout.activity_main);
        //使用隐式启动服务,传入 action
        service=new Intent("com.iboss.remoteService");
```

```
        }
ServiceConnection conn=new ServiceConnection() {
        @Override
        public void onServiceDisconnected(ComponentName name) {
            // TODO Auto-generated method stub

        }
        @Override
        public void onServiceConnected(ComponentName name, IBinder service) {
            // TODO Auto-generated method stub
            //得到"代理"对象
            pf=Stub.asInterface(service);//------②

        }
    };
    Intent service=null;
    public void open(View view) {
        switch (view.getId()) {
        case R.id.btOpen://启动远程服务
            startService(service);
            break;
        case R.id.btClose://关闭远程服务
            stopService(service);
            break;
        case R.id.btBind:

            bindService(service, conn, Service.BIND_AUTO_CREATE);
            break;
        case R.id.btUnbind:
            unbindService(conn);
            break;

        case R.id.btRemote:
            try {
                //远程调用
                pf.find();
            } catch (RemoteException e) {
                // TODO Auto-generated catch block
                e.printStackTrace();
            }
            break;
```

```
            default:
                break;
            }
        }
    }
```

在①代码行中，定义了一个 PublicFind 对象，在②代码行中使用 pf=Stub.asInterface (service)得到从远程服务传递来的 PublicFind 对象，从而当点击远程调用按钮时，能调用该对象中的方法。运行程序，观察 Logcat 输出，如图 6.16 所示。

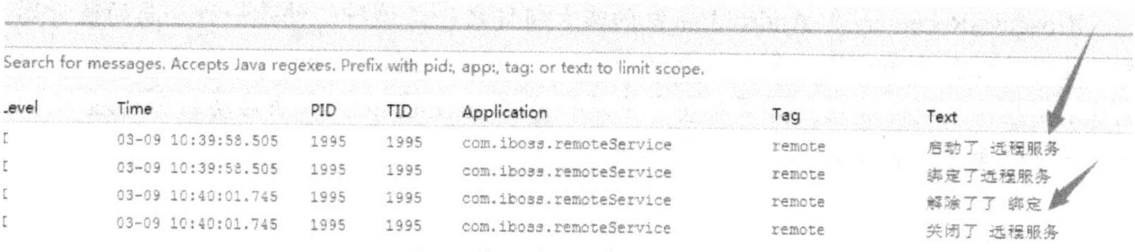

Search for messages. Accepts Java regexes. Prefix with pid:, app:, tag: or text: to limit scope.
Level Time PID TID Application Tag Text
03-09 10:39:58.505 1995 1995 com.iboss.remoteService remote 启动了 远程服务
03-09 10:39:58.505 1995 1995 com.iboss.remoteService remote 绑定了远程服务
03-09 10:40:01.745 1995 1995 com.iboss.remoteService remote 解除了了 绑定
03-09 10:40:01.745 1995 1995 com.iboss.remoteService remote 关闭了 远程服务

图 6.16

依次点击“远程绑定”、“解除绑定”按钮，LogCat 出现以上信息，通过 aidl 实现了远程绑定和解除绑定。再次点击“远程调用”按钮，观察 logcat 输出，如图 6.17 所示。

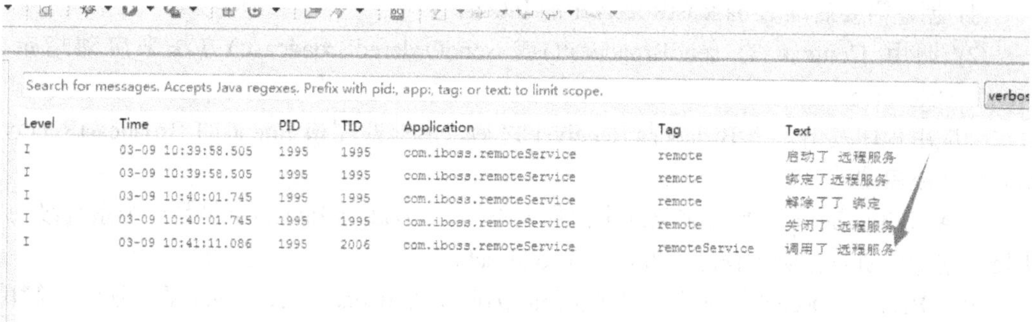

Search for messages. Accepts Java regexes. Prefix with pid:, app:, tag: or text: to limit scope.
Level Time PID TID Application Tag Text
I 03-09 10:39:58.505 1995 1995 com.iboss.remoteService remote 启动了 远程服务
I 03-09 10:39:58.505 1995 1995 com.iboss.remoteService remote 绑定了远程服务
I 03-09 10:40:01.745 1995 1995 com.iboss.remoteService remote 解除了了 绑定
I 03-09 10:40:01.745 1995 1995 com.iboss.remoteService remote 关闭了 远程服务
I 03-09 10:41:11.086 1995 2006 com.iboss.remoteService remoteService 调用了 远程服务

图 6.17

从上图可见，当点击“远程调用”按钮时，Logcat 输出了“调用了远程服务”，即访问了远程服务中的数据，实现了远程调用。

第7章　BroadcastReceiver

BroadcastReceiver 是 Android 系统的四大组件之一，这种组件是一种全局的监听器，用于监听系统全局的广播信息。基于这个特点，BroadcastReceiver 可以非常方便地实现系统中不同组件之间的通信。如果希望客户端程序与 startService()方法启动的 Service 之间通信，就可以通过 BroadcastReceiver 来实现。

7.1　创建广播

BroadcastReceiver 接收程序所发出的 Broadcast Intent，与应用程序启动 Activity、Service 的方法基本相同，程序启动 BroadcastReceiver 只需要两步：

(1) 创建需要启动 BroadcastReceiver 的 Intent；

(2) 调用 Context 的 sendBroadcast()或 sendOrderedBroadcast()方法来启动指定的 BroadcastReceiver。

当应用程序发出一个 BroadcastReceiver 之后，所有匹配该 Intent 的 BroadcastReceiver 都有可能被启动。

与 Activity、Service 具有完整的生命周期不同，BroadcastReceiver 只是一个系统级的监听器，它专门负责监听各程序所发出的 Broadcast。

由于 BroadcastReceiver 属于一个监听器，因此实现 BroadcastReceiver 的方法十分简单，只要重写 BroadcastReceiver 的 onReceive(Conext context,Intent intent)方法即可。

一旦实现了 BroadcastReceiver，就应该指定该 BroadcastReceiver 能匹配的 Intent，此时有两种方式：

(1) 使用代码进行指定。调用 BroadcastReceiver 的 Context 的 registerReceiver (BroadcastReceiver receiver,IntentFilter filter)方法进行指定。例如如下代码：

```
IntentFilter filter=new IntentFilter("com.iboss.recevicer");
MyBroadcastReceiver receiver=new MyBroadcastReceiver();
```

(2) 在 AndroidManifest.xml 文件中配置。例如如下代码：

```
<receiverandroid:name="com.iboss.broadcast.MainActivity.MyBroadcastReceiver">
<intent-filter >
<action android:name="com.iboss.recevicer"/>
</intent-filter>
```

</receiver>

如果 BroadcastReceiver 的 onReceiver() 方法不能在 10 秒内执行完成，Android 会认为该程序无响应。所以不要在 BroadcastReceiver 的 onReceive() 方法里执行一些耗时操作，否则会弹出 ANR。

如果确实需要根据 Broadcast 来完成一项比较耗时的操作，则可以考虑通过 Intent 启动一个 Service 来完成该操作，不应考虑使用新线程去完成耗时操作，因为广播接收者本身的生命周期很短，可能出现的情况是子线程还没有结束，BroadcastReceiver 就已经退出了。

如果 BroadcastReceiver 所在的进程结束了，虽然该进程内还有用户启动的新线程，但由于该进程不包含任何活动组件，因此系统可能在内存紧张时有限结束该进程，这样就可能导致 BroadcastReceiver 启动的子线程不能执行完成。

7.2　普 通 广 播

在程序中发送广播十分简单，只要调用 Context 的 sendBroadcast(Intent intent) 方法即可，这条广播将会启动 intent 参数所对应的 BroadcastReceiver。

下面的程序示范了如何发送 Broadcast 和使用 BroadcastReceiver 接收广播。该程序的 Activity 界面中包含了一个按钮，当用户单击该按钮时程序会向外发送一条广播。该程序的代码如下：

```java
public class MainActivity extends Activity {
    @Override
    protected void onCreate(Bundle savedInstanceState) {
        super.onCreate(savedInstanceState);
        setContentView(R.layout.activity_main);
    }
    public void open(View view){

        switch (view.getId()) {
        case R.id.btOpen:
            //创建 intent 对象
            Intent intent=new Intent("com.iboss.recevicer");
            //设置消息
            intent.putExtra("msg", "来自 MainActivity 的问候");
            //发送广播
            sendBroadcast(intent);
            break;
        default:
            break;
        }
```

```
        }
    }
```

上面程序中的粗体字代码用于创建一个 Intent 对象，并使用该 Intent 对象对外发送一条广播，该程序所使用的 BroadcastReceiver 代码如下：

```
public class MyBroadcastReceiver extends BroadcastReceiver {
    @Override
    public void onReceive(Context context, Intent intent) {
        //得到广播携带的数据
        String content=intent.getStringExtra("msg");
        Log.i("broacast", "--------接收广播消息为: "+content);
    }
}
```

正如上面的程序中所看到的，当符合该 MyBroadcastReceiver 的广播出现时，该 MyBroadcastReceiver 的 onReceive()方法将会触发，从而在该方法中显示广播所携带的信息。

上面发送广播的程序中在指定发送广播时所用的 Intent 的 Action 为"com.iboss.receiver"，需要广播接收者监听 Action，在清单文件中增加如下配置即可：

```
<receiver android:name="com.iboss.broadcast.MyBroadcastReceiver">
    <intent-filter >
        <action android:name="com.iboss.recevicer"/>
    </intent-filter>
</receiver>
```

运行该程序，点击程序中的"发送广播"按钮，观察 Logcat 输出，如图 7.1 所示。

Level	Time	PID	TID	Application	Tag	Text
D	03-09 23:30:16.417	1880	1880	com.iboss.broadcast	gralloc_gold...	Emulator without GPU emulation detected.
I	03-09 23:30:18.037	1880	1880	com.iboss.broadcast	broacast	--------接受广播消息为: 来自MainActivity的问候

图 7.1

从 Logcat 可以看出，广播接收者接收到了 MainActivity 发送的广播同时收到它携带的数据。

7.3 有 序 广 播

Broadcast 被分为以下两种：

(1) Normal Broadcast(普通广播)：Normal Broadcast 是完全异步的，可以在同一时刻被所有接收者接收到，消息传递的效率比较高，但缺点是接受者不能将处理结果传递给下一个接收者，并且无法终止 Broadcast 的传播。

(2) Ordered Broadcast(有序广播)：Ordered Broadcast 的接收者将按预先声明的优先级依次接收 Broadcast，如：A 的级别高于 B，B 的级别高于 C，那么 Broadcast 就先传给 A，再传给 B，最后传给 C。优先级别声明在<inent-filter..>元素的 android:priority 属性中，数值越大，优先级别越高，取值范围为−1000～1000，级别也可以通过 IntentFilter 对象的 setPriority 方法来进行设置。Ordered Broadcast 接收者可以终止 Broadcast 的传播，Broadcast 的传播一旦终止，后面的接收者就无法接收到 Broadcast。另外，Ordered Broadcast 的接收者可以将数据传递给下一个接收者，如 A 得到 Broadcast 后，可以往它的结果对象中存入数据，当 Broadcast 传给 B 时，B 可以从 A 的结果对象中得到 A 存入的数据。

Context 提供了两个方法用于发送广播：

(1) sendBroadcast()：发送普通广播。

(2) sendOrderedBroadcast：发送有序广播。

对于 Ordered Broadcast 而言，系统会根据接收者声明的优先级别按顺序执行，优先接收到 Broadcast 的接收者可以终止 Broadcast，调用 BroadcastReceiver 的 abortBroadcast()方法就可以终止 Broadcast。如果 Broadcast 被前面的接收者终止了，那么后面的接收者就再无法获得 Broadcast。不仅如此，对于 Ordered Broadcast 而言，优先接收到 Broadcast 的接收者可以通过 setResultExtras(Bundle) 方法将处理结果存入 Broadcast 中，然后传给下一个接收者。下一个接收者通过代码：Bundler bundle=getResultExtras(true)可获取上一个接收者存入的数据。

下面用师父传功的场景来模拟接收者接收一个发送广播的案例。师父对 3 个徒弟一视同仁，教授徒弟武功，可以模拟成发送普通广播。当发送普通广播时，每个徒弟学习相同的内容(同时接收广播)。如果师父不是相同对待呢？师父只传授给大师兄，然后大师兄传授给二师兄，二师兄再传授给三师兄，这样就需要优先级，大师兄优先级高，先获得师父传授，然后由大师兄传授给二师兄，最后由二师兄传授给三师兄，这样又存在一个能力问题，师兄们的能力有限，不能完全接收上一级教授的知识，那么他相应地传给下一级的功夫肯定打折扣。这就模拟了有序广播。

该程序的 Activity 界面上只有两个普通按钮，一个发送普通广播，另一个发送有序广播，项目结构如图 7.2 所示。

图 7.2

在清单文件中注册三个广播接收者。它们的 action 都是相同的，这样就确保发送广播都能接收到，优先级别分别为 1000、600、400，代码如下：

```
<receiver android:name="com.iboss.orderbroad.DaShiXiong">
<intent-filter android:priority="1000">
<action android:name="com.iboss.order"/>
</intent-filter>
</receiver>
<receiver android:name="com.iboss.orderbroad.ErShiXiong">
<intent-filter android:priority="600">
<action android:name="com.iboss.order"/>
</intent-filter>
</receiver>
<receiver android:name="com.iboss.orderbroad.SanShiXiong">
<intent-filter android:priority="400">
<action android:name="com.iboss.order"/>
</intent-filter>
</receiver>
```

布局文件设置了 2 个按钮，并且同时绑定了点击事件，代码如下：

```
<LinearLayout xmlns:android="http://schemas.android.com/apk/res/android"
    android:layout_width="fill_parent"
    android:layout_height="fill_parent"
    android:orientation="vertical">
    <Button
        android:id="@+id/btNormal"
        android:onClick="open"
        android:layout_width="wrap_content"
        android:layout_height="wrap_content"
        android:text="发送普通广播" />
    <Button
        android:id="@+id/btOrder"
        android:onClick="open"
        android:layout_width="wrap_content"
        android:layout_height="wrap_content"
        android:text="发送无序广播" />
</LinearLayout>
```

在这三个广播接收者中，都接收了传递来的数据，并做相应的修改。

大师兄的代码如下：

```
public class DaShiXiong    extends BroadcastReceiver{
    @Override
```

```java
public void onReceive(Context context, Intent intent) {
    // TODO Auto-generated method stub
    String flag=getResultData();
    Log.i("order", "大师兄为学到了"+flag+"%功力");
    setResultData("80");
}
}
```

二师兄的代码如下：

```java
public class ErShiXiong    extends BroadcastReceiver{
    @Override
    public void onReceive(Context context, Intent intent) {
        // TODO Auto-generated method stub
        String flag=getResultData();
        Log.i("order", "二师兄学到了"+flag+"%功力");
        setResultData("60");
    }
}
```

三师兄的代码如下：

```java
public class SanShiXiong    extends BroadcastReceiver{
    @Override
    public void onReceive(Context context, Intent intent) {
        // TODO Auto-generated method stub
        String flag=getResultData();
        Log.i("order", "三师兄学到了"+flag+"%功力");
    }
}
```

在 MainActivity 中处理普通广播事件时代码如下：

```java
public void open(View view){
        switch (view.getId()) {
        case R.id.btNormal: //发送普通广播
            intent=new Intent("com.iboss.order");
            Bundle bundle=new Bundle();
            bundle.putInt("flag", 100);
            intent.putExtras(bundle);
            sendBroadcast(intent);
            break;
        case R.id.btOrder: //发送有序广播
            intent=new Intent("com.iboss.order");
            Bundle bundle1=new Bundle();
```

```
            bundle1.putInt("flag", 100);
            intent.putExtras(bundle1);
            sendOrderedBroadcast(intent, null, null, null, 0, 100+"", null);
            break;
        default:
            break;
        }
    }
```

点击发送有序广播，观察 Logcat 输出如图 7.3 所示。

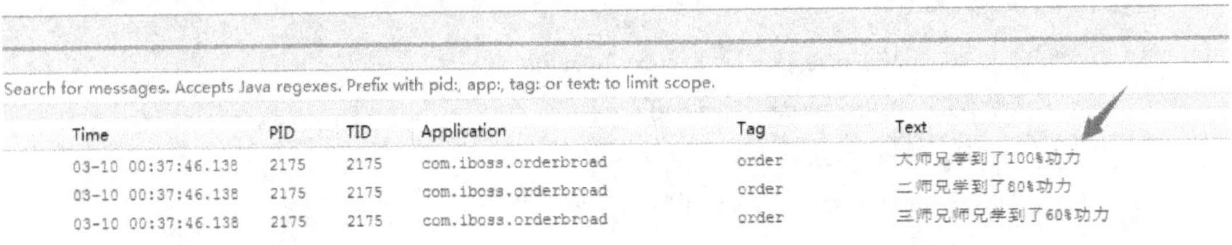

Search for messages. Accepts Java regexes. Prefix with pid:, app:, tag: or text: to limit scope.

Time	PID	TID	Application	Tag	Text
03-10 00:37:46.138	2175	2175	com.iboss.orderbroad	order	大师兄学到了100%功力
03-10 00:37:46.138	2175	2175	com.iboss.orderbroad	order	二师兄学到了80%功力
03-10 00:37:46.138	2175	2175	com.iboss.orderbroad	order	三师兄师兄学到了60%功力

图 7.3

从 Logcat 输出中可以看出，在广播中级别高的大师兄传授给二师兄的功力少了 20%，二师兄传授给三师兄的功力也减少了，这证明在发送的过程中，传递的数据被修改了，而在普通广播中没有被修改。

第8章 View 事件分析

8.1 View 基础

8.1.1 View 是什么

View 是 Android 所有控件的基类，不管是简单的 Button 和 TextView，还是复杂的 RelativeLayout 和 ListView，它们的共同基类都是 View。View 是界面层的控件的父类，是控件的总称。除了 View，还有 ViewGroup。从名字来看，ViewGroup 就是控件组，ViewGroup 内部包含了许多控件，它是控件的容器。在 Android 设计中，ViewGroup 也继承了 View，这意味着 View 本身可以是单个控件也可以是控件组，通过这种关系就形成了 View 树的结构。

8.1.2 View 的位置参数

View 的位置主要由各顶点决定，分别对应于 View 的四个属性：Top，Left，Right 和 Bottom。其中 Top 是左上角坐标，Left 是左上角横坐标，Right 是右下角横坐标，Bottom 是右下角纵坐标。需要注意的是，这些坐标都是相对于 View 的父容器来说的，是一种相对坐标。在 Android 中，x 轴 y 轴的正方向分别为右和下，原点坐标为左上角。通过这四个参数可以很容易得到该控件的宽高：

$$Width = right - left$$
$$Height = bottom - top$$

在 View 的源码中可以通过以下方式得到 Left，Right，Top，Bottom 参数值。

- Left=getLeft();
- Rigt=getRight();
- Top=getTop();
- Bottom=getBottom();

8.1.3 MotionEvent 和 TouchSlop

1. MotionEvent

在手指触摸屏幕后所产生的一系列事件中，典型的事件类型有如下几种：

- Action_Down：手指刚接触屏幕；

- Action_Move：手指在屏幕上移动；
- Action_Up：手指从屏幕上松开的一瞬间；

在正常情况下，一次手指触摸屏幕的行为会触发一系列点击事件，考虑如下几种情况：

- 点击屏幕后立刻松开，事件序列为 Down-Up；
- 点击屏幕滑动一会再松开，事件序列为 Down-Move…Move-Up。

上述几种情况是典型的事件序列，通过 MotionEvent 对象我们可以得到点击事件发送的 x 和 y 坐标，为此，系统提供了两组方法：getX()/getY()和 getRawX()/getRawY()。前者返回的是相对于当前 View 左上角的 x 和 y 坐标，而 getRawX()和 getRawY()返回的是相对于手机屏幕左上角的 x 和 y 坐标。

2．TouchSlop

TouchSlop 是系统所能识别的被认为是滑动的最小距离，换句话说，当手指在屏幕上滑动时，如果两次滑动之间的距离小于这个常量，那么系统认为这是滑动操作。这是一个常量，与设备有关，在不同的设备上这个值可能是不同的，通过如下方式即可获取这个常量：ViewConfiguration.get(getContext()).getScaledTouchSlop()。我们可以利用这个常量做过滤，比如当两次滑动事件的距离小于这个值，未达到滑动距离的临界值时，我们就可以认为不是滑动，这样做可以有更好的用户体验。

8.2　View 的滑动

上节介绍了 View 的一些基础知识，本节开始介绍一个很重要的内容：View 的滑动。在当前 Android 设备上，滑动基本上是标配，不管是下拉刷新还是 SlidingMenu，它们的基础都是滑动。从另外一方面来说，Android 手机由于屏幕比较小，为了显示更多的内容，就需要使用滑动来隐藏和显示一些内容。基于以上两点，可以知道，滑动在 Android 开发中具有非常重要的作用。因此，掌握滑动的方法是实现自定义控件的基础。通过以下三种方式可以实现 View 的滑动：通过 View 本身提供的 scrollTo()/scrollBy()方法来实现滑动；通过动画给 View 添加平移效果来实现滑动；通过改变 View 的 LayoutParams 使得 View 重新布局从而实现滑动。

8.2.1　使用 scrollTo()/scrollBy

为了实现 View 的滑动，View 提供了专门的方法来实现这个功能，那就是 scrollTo()和 scrollBy()。

```
/**
 * Set the scrolled position of your view. This will cause a call to
 * {@link #onScrollChanged(int, int, int, int)} and the view will be
 * invalidated.
 * @param x the x position to scroll to
 * @param y the y position to scroll to
```

```
     */
    public void scrollTo(int x, int y) {
        if (mScrollX != x || mScrollY != y) {
            int oldX = mScrollX;
            int oldY = mScrollY;
            mScrollX = x;
            mScrollY = y;
            invalidateParentCaches();
            onScrollChanged(mScrollX, mScrollY, oldX, oldY);
            if (!awakenScrollBars()) {
                postInvalidateOnAnimation();
            }
        }
    }
```

从上面的源码可以看出，scrollBy 实际上调用 scrollTo 方法，它是基于当前位置的相对滑动，而 scrollTo 则是实现了基于所传参数的绝对滑动。通过源码可以知道，这种方式的滑动主要是通过改变 mScrollX 和 mScrollY 来实现的。mScrollX 的值是 View 左边沿与 View 内容左边沿的距离，而 mScrollY 的值则是 View 的上边沿和 View 内容上边沿的距离。由此可知，scrollTo 和 scrollBy 只能改变 View 内容的位置而不能改变 View 在布局中的位置。mScrollX 和 mScrollY 的单位为像素，当 View 左边沿在内容左边沿的右边时，mScrollX 为正值，反之为负；当 View 上边沿在内容上边沿的下边时，mScrollY 为正，反之为负。换句话说，当从左向右滑动时，mScrollX 为负值，反之为正值；如果从上向下滑动，那么 mScrollY 为负值，反之为正值。

下面通过一个案例来详细介绍。

在布局文件中定义两个按钮，一个名为"移动事件"，一个名为"移动"，处理"移动"点击事件。当点击此按钮时，调用"移动事件"按钮的 scrollTo()方法，此按钮的内容即文字"移动事件"向左上移动了一段距离，而 Button 区域并没有发生改变，观察 Log 输出，如图 8.1 所示。

```
04-20 15:32:11.984 3297-3297/iboss.com.myapplication I/scroll: scrolX的值为:100
04-20 15:32:11.988 3297-3297/iboss.com.myapplication I/scroll: scrollY的值为:100
```

图 8.1

当向左上滑动时，ScrollX 和 ScrollY 的值都为负。

完整的程序代码如下：

```
public class MainActivity extends Activity {
private Button btContent;
    @Override
    protected void onCreate(Bundle savedInstanceState) {
        super.onCreate(savedInstanceState);
```

```
        setContentView(R.layout.activity_main);
        btContent= (Button) findViewById(R.id.btContent);
    }
    public void start(View view){
        switch (view.getId()){
          case    R.id.btStart:
            btContent.scrollTo(100, 100);
            Log.i("scroll","scrolX 的值为:"+btContent.getScrollX());
            Log.i("scroll","scrollY 的值为:"+btContent.getScrollY());
            break;
          default:
          break;
        }
    }
}
```

8.2.2　使用动画

上一节介绍了通过 scrollTo 和 scrollBy 来实现 View 的滑动，本节介绍另外一种滑动方式——使用动画。通过动画能够让一个 View 进行平移，而平移就是一种滑动。使用动画来移动 View，主要是操作 View 的 translationX 和 translationY 属性。既可以采用传统的 View 动画，也可以采用属性动画。如果采用属性动画的话，为了能够兼容 3.0 以下的版本，需要采用开源动画库 NineOldAndroids。

View 动画是对 View 影像的操作，它并不能真正改变 View 的位置参数和高宽，如果希望动画后的状态得以保留还必须将 fillAfter 属性设置为 true。

使用动画不能真正改变 View 的位置，这会带来一个很严重的问题。假设我们通过动画移动一个控件，该控件有点击事件，移动到新位置后，点击该控件会无响应，因为它的位置信息并不会随动画而改变。在系统眼里，这个控件没有发生任何改变，真身依然在原来的位置。在这种情况下，点击新位置不会触发点击事件。

从 Android3.0 开始，使用属性动画可以解决上面的问题，但是大多数应用都需要兼容到 Android2.2，在该版本上无法使用属性动画，故需要做相应的处理。

8.2.3　改变布局参数

第三种实现 View 滑动的方法是通过改变布局参数，即改变 LayoutParams。这个比较好理解，比如我们想把一个 Button 向右移动 100 px，只需要将这个 Button 的 LayoutParams 里的 marginLeft 参数的值增加 100 px 即可。

通过改变 LayoutParams 的方式实现 View 的滑动同样是一个很灵活的方法，需要根据不同情况去做不同的处理。

注意，不同的布局文件有不同的 LayoutParams，选择时需根据自己的布局文件来决定。

8.2.4　各种滑动方式的对比

上面分别介绍了三种不同的滑动方式，它们都能实现 View 的滑动，那么它们之间的差别是什么呢？

scrollTo/scrollBy 这种方式，它是 View 提供的原生方法，其作用是专门用于 View 的滑动。这种方式可以比较方便地实现滑动效果并且不影响内部元素的单击事件，但是它的缺点也很明显，它只能滑动 View 的内容，不能滑动 View 本身。

通过动画来实现 View 的滑动时，如果是 Android 3.0 以上的版本，可以采用属性动画。这种方式没有明显的缺点，使用属性动画不能改变 View 本身的属性。在实际使用中，如果动画元素不需要相应用户的交互，那么使用动画来做滑动是比较合适的。一些复杂的效果必须通过动画才能实现。

通过改变布局方式，这种方式没有明显的缺点，主要适用对象是一些具有交互性的View，因为这些 View 需要和用户交互，直接使用动画去实现会有问题，通过改变布局参数更好。

针对上面的分析总结如下：
- scrollTo/scrollBy：操作简单，适合对 View 内容的滑动。
- 动画：主要使用于没有交互的 View 和实现复杂的动画效果。
- 改变布局参数：操作稍微复杂，适用于有交互的 View。

8.3　View 的事件分发机制

上面几节介绍了 View 的基础知识以及 View 的滑动，本节将介绍 View 的核心知识点：事件分发机制。事件分发机制不仅仅是核心知识点更是难点，不少初学者甚至中级开发者面对这个问题都会觉得困惑。另外 View 的另一大难题是滑动冲突，它的解决方法的理论基础就是事件分发机制。

8.3.1　点击事件的传递规则

在介绍点击事件的传递规则之前，首先我们要明白这里要分析的对象就是 MotionEvent 即点击事件。关于 MotionEvent，在 8.1 节中已经进行了介绍，所谓点击事件的事件分发，其实就是对 MotionEvent 事件的分发过程，即当一个 MotionEvent 产生后，系统需要把事件传递给一个具体的 View。点击事件的分发过程由三个很重要的方法来共同完成：dispatchTouchEvent，onInterceptTouchEvent 和 onTouchEvent。下面来介绍这三种方法。

　　　　public boolean dispatchTouchEvent(MotionEvent ev);

这种方法用来进行事件的分发。如果事件能够传递给当前的 View，那么此方法一定会被调用，返回结果受 View 的 onTouchEvent 和下级的 dispatchTouchEvent 方法的影响，表示是否消耗当前事件。

　　　　public boolean onInterceptTouchEvent(MotionEvent ev);

在上述方法的内部调用，用来判断是否拦截某个事件。如果当前 View 拦截了某个事件，那么在同一个事件序列中，此方法不会被再次调用，返回结果表示是否拦截当前事件。

public boolean onTouchEvent(MotionEvent ev);

在 dispatchTouchEvent 方法中调用，用来处理点击事件，返回结果表示是否消耗。如果不消耗，则在同一个事件序列中，当前 View 无法再次接收到事件。

```java
public boolean dispatchTouchEvent(MotionEvent ev){
    boolean consume=false;
    if(onInterceptTouchEvent(ev)){
        consume=onTouchEvent(ev);
    }else{
        consume=child.dispatchTouchEvent(ev);
    }
    return consume;
}
```

上述伪代码已经将三者关系表现出来，通过上面的伪代码，我们也可以大致了解事件的传递机制：对于一个根 ViewGroup 来说，点击事件产生后，首先会传递给它，这时它的 dispatchTouchEvent 就会被调用。如果这个 ViewGroup 的 onInterceptTouchEvent 返回值为 true，就表示它要拦截当前事件，接着事件就会通知 ViewGroup 处理，即它的 onTouchEvent 方法被调用；如果这个 ViewGroup 的 onInterceptTouchEvent 方法返回值为 false，就表示它不拦截当前事件，这时当前事件就会继续传递给它的子元素，接着子元素的 dispatchTouchEvent 方法就会被调用，如此反复直到事件被最终处理。

当一个 View 需要处理事件时，如果它设置了 OnTouchListener，那么 onTouchListener 中的 onTouch 方法会被回调，这时事件如何处理还要看 onTouch 的返回值，如果返回 false，则当前 View 的 onTouchEvent 方法会被调用；如果返回 true，那么 onTouchEvent 方法将不会被调用。由此可见，给 View 设置的 onTouchListener，其优先级比 onTouchEvent 要高。

案例 1

自定义一个 MyButton 继承 Button，重写其 onTouchEvent()方法，代码如下：

```java
public class MyButton extends Button {
    public MyButton(Context context) {
        super(context);
    }
    public MyButton(Context context, AttributeSet attrs) {
        super(context, attrs);
    }
    @Override
    public boolean onTouchEvent(MotionEvent event) {
        Log.i("touch", "on TouchEvent 被调用");
        return super.onTouchEvent(event);
    }
}
```

在 Activity 中给 Button 设置 OnTouchListener 事件代码如下：

```
public class MainActivity extends Activity {
    private Button myButton;
    @Override
    protected void onCreate(Bundle savedInstanceState) {
        super.onCreate(savedInstanceState);
        setContentView(R.layout.activity_main);
        myButton=(Button) findViewById(R.id.myButton);
        myButton.setOnTouchListener(new OnTouchListener() {
            @Override
            public boolean onTouch(View v, MotionEvent event) {
                Log.i("touch", "onTouchListener 中的 on TouchEvent 被调用");
                return true;
            }
        });
    }
}
```

注意，在 onTouchListener 事件中，返回值为 true，运行程序参看输出，如图 8.2 所示。

Tag	Text
touch	onTouchListener中的on TouchEvent 被调用
touch	onTouchListener中的on TouchEvent 被调用

图 8.2

可以看出系统只调用了 onTouchListner 中的返回值，而没有调用 MyButton 中的 onTouchEvent()，修改 onTouchListener 的返回值为 false，如图 8.3 所示。

Tag	Text
touch	onTouchListener中的on TouchEvent 被调用
touch	on TouchEvent 被调用
touch	onTouchListener中的on TouchEvent 被调用
touch	on TouchEvent 被调用

图 8.3

可以看到改为 false 后，onTouchEvent 方法被调用，从而证明上面的结论。

当一个点击事件产生后，它的传递过程遵循如下顺序：Activity->Window->View，即事件总是先传递给 Activity，Activity 再传递给 Window，最后传递给顶级 View。顶级 View

接收到事件后，就会按照事件分发机制去分发事件。考虑一种情况，如果一个 View 的 onTouchEvent 返回 false，那么它的父容器的 onTouchEvent 将会调用，依次类推，如果所有的元素都不处理这个事件，那么这个事件最终会传递给 Activity 处理，即 Activity 的 onTouchEvent 方法被调用。这个过程其实很好理解，可以换一种思路，假设点击事件是一个难题，这个难题最终被上级领导分给了一个程序员去处理(这是事件分发过程)，结果这个程序员搞不定(onTouchEvent 返回 false)，那么难题就只能交给水平高的上级去解决(上级的 onTouchEvent 被调用)，如果上级再搞不定，那就交给上级的上级去解决，这样就将难题一层层地向上抛，这是公司内部的一种常见的处理问题的方式。从这个角度来分析，View 的事件传递过程很贴近现实。下面通过案例来模拟该过程。

案例 2

在此案例中，自定义了 RelativeLayout、LinearLayout、Button，分别重写了其对应的 dispatchTouchEvent、onInterceptTouchEvent 以及 onTouchEvent 方法，添加 Log 日志：

MyRelativeLayout.java 代码如下：

```java
public class MyRelativeLayout extends RelativeLayout {
    public MyRelativeLayout(Context context, AttributeSet attrs) {
        super(context, attrs);

    }
    public MyRelativeLayout(Context context) {
        super(context);

    }
    @Override
    public boolean dispatchTouchEvent(MotionEvent ev) {
        Log.i("touch", "relativeLayout 的 dispatchTouchEvent 被调用");
        return super.dispatchTouchEvent(ev);
    }
    @Override
    public boolean onInterceptTouchEvent(MotionEvent ev) {

        Log.i("touch", "relativeLayout 的 onInterceptTouchEvent 被调用");
        return false;
    }
    @Override
    public boolean onTouchEvent(MotionEvent event) {
        Log.i("touch", "relativeLayout 的 onTouchEvent 被调用");
        return false;
    }
}
```

MyLinearLayout.java 代码如下：

```java
public class MyLinearLayout extends LinearLayout{


    public MyLinearLayout(Context context, AttributeSet attrs) {
        super(context, attrs);


    }
    public MyLinearLayout(Context context) {
        super(context);
    }
    @Override
    public boolean dispatchTouchEvent(MotionEvent ev) {
        Log.i("touch", "LinearLayout 的 dispatchTouchEvent 被调用");
        return super.dispatchTouchEvent(ev);
    }
    @Override
    public boolean onInterceptTouchEvent(MotionEvent ev) {

        Log.i("touch", "LinearLayout 的 onInterceptTouchEvent 被调用");
        return false;
    }
    @Override
    public boolean onTouchEvent(MotionEvent event) {

        Log.i("touch", "LinearLayout 的 onTouchEvent 被调用");
        return false;
    }
}
```

MyButton 代码如下：

```java
public class MyButton extends Button {

    public MyButton(Context context, AttributeSet attrs) {
        super(context, attrs);


    }
    public MyButton(Context context) {
        super(context);
    }
    @Override
```

```
public boolean onTouchEvent(MotionEvent event) {
    Log.i("touch", "Button 的 onTouchEvent 被调用");
    return false;
}
}
```

注意：上面三个自定义 View 中的 onTouchEvent、onInterceptTouchEvent 方法值都为 false，在 Activity 中重写 onTouchEvent 方法，代码如下：

```
public class MainActivity extends Activity {

    @Override
    protected void onCreate(Bundle savedInstanceState) {
        super.onCreate(savedInstanceState);
        setContentView(R.layout.activity_main);
    }

    @Override
    public boolean onTouchEvent(MotionEvent event) {
        Log.i("touch", "Activity 的 onTouchEvent 被调用");
        return true;
    }
}
```

xml 布局文件代码如下：

```
<com.example.android5_3.MyRelativeLayot
        xmlns:android="http://schemas.android.com/apk/res/android"
        xmlns:tools="http://schemas.android.com/tools"
    android:layout_width="match_parent"
    android:layout_height="match_parent"
    tools:context="${relativePackage}.${activityClass}">
    <com.example.android5_3.MyLinearLayout
        android:layout_width="match_parent"
        android:layout_height="wrap_content"
        android:orientation="vertical">
        <com.example.android5_3.MyButton
        android:layout_width="wrap_content"
        android:layout_height="wrap_content"
        android:text="接触我"
        android:textSize="50sp" />
    </com.example.android5_3.MyLinearLayout>
</com.example.android5_3.MyRelativeLayot>
```

运行程序，点击按钮，观察 Log 输出，如图 8.4 所示。

touch	relativeLayout的 dispatchTouchEvent被调用
touch	relativeLayout的 onInterceptTouchEvent被调用
touch	LinearLayout的 dispatchTouchEvent被调用
touch	LinearLayout的 onInterceptTouchEvent被调用
touch	Button的 onTouchEvent被调用
touch	LinearLayout的 onTouchEvent被调用
touch	relativeLayout的 onTouchEvent被调用
touch	Activity的 onTouchEvent被调用
touch	Activity的 onTouchEvent被调用

图 8.4

可以很直观地看到方法的调用次序，自定义的三个 View 的 onTouchEvent 方法返回值都为 false，最后 Activity 的 onTouchEvent 方法被调用，修改 MyButton 的 onTouchEvent 返回值为 true，如图 8.5 所示。

touch	relativeLayout的 dispatchTouchEvent被调用
touch	relativeLayout的 onInterceptTouchEvent被调用
touch	LinearLayout的 dispatchTouchEvent被调用
touch	LinearLayout的 onInterceptTouchEvent被调用
touch	Button的 onTouchEvent被调用

图 8.5

可以看到，当 Button 的 onTouchEvent 返回值为 true 时，其他的 View 的 onTouchEvent 方法不调用。读者们可以修改各个 View 的 onTouchEvent 返回值，观察其输出情况。

关于时间传递的机制，这里给出一些结论，根据这些结论可以更好地理解整个传递机制，如下所示：

(1) 同一个事件序列是指从手指接触屏幕的那一刻起，到手指离开屏幕的那一刻结束，在这个过程中所产生的一系列事件，这个事件序列以 down 事件开始，中间包含数量不定的 move 事件，最终以 up 事件结束。

(2) 如果某个 View 一旦决定拦截，那么这一个事件序列都只能由它来处理(如果事件序列能够传递给它的话)，并且它的 onInterceptTouchEvent 不会再被调用。

(3) 正常情况下，一个事件序列只能被一个 View 拦截消耗，但是通过特殊手段可以做到被多个 View 消耗，比如该 View 将本该由自己处理的事件通过 onTouchEvent 强行传递给其他 View 处理。

(4) 某个 View 一旦开始处理事件，如果它不消耗 ACTION_DOWN 事件，那么同一事件中的其他事件都不会交给它处理，并且事件将重新交给它的父元素去处理。

(5) ViewGroup 默认不拦截任何事件，Android 源码中 ViewGroup 的 onInterceptTouchEvent 方法默认返回 false。

(6) View 没有 onInterceptTouchEvent 方法，一旦有点击事件传递给它，那么它的

onTouchEvent 方法就会被调用。

(7) View 的 onTouchEvent 默认都会消耗事件(返回 true),除非它是不可点击的(Clickable 和 longClickable 同时为 false)。View 的 longClickable 属性默认为 false,clickable 属性视情况而定,比如 Button 的 clickable 属性默认为 true,而 TextView 的 clickable 属性默认为 false。

(8) View 的 enable 属性不影响 onTouchEvent 的默认返回值,哪怕一个 View 是 disable 状态,只要它的 clickable 或者 longClickable 有一个为 true,那么它的 onTouchEvent 就返回 true。

(9) onClick 会发生的前提是当前 View 是可点击的,并且它收到了 down 和 up 的事件。

(10) 事件传递过程是由外向内的,即事件总是先传递给父元素,然后由父元素传递给子元素,通过 requestDisallowInterceptTouchEvent 方法可以在子元素中干预父元素的事件分发过程,但是 ACTION_DOWN 事件除外。

8.3.2 事件分发的源码解析

1. Activity 对点击事件的分发过程

点击事件用 MotionEvent 来表示,当一个点击操作发生时,事件最先传递给当事 Activity,由 Activity 的 dispatchTouchEvent 来进行事件派发,具体的工作是由 Activity 内部的 Window 来完成的。Window 会将事件传递给 DecorView,DecorView 一般就是当前界面的顶层容器(即通过 setContentView 所设置的 View 的父容器),通过 Activity.getDecorView() 可以获得。我们先从 Activity 的 dispatchTouchEvent 开始分析。

```
public boolean dispatchTouchEvent(MotionEvent ev) {
    if (ev.getAction() == MotionEvent.ACTION_DOWN) {
        onUserInteraction();
    }
    if (getWindow().superDispatchTouchEvent(ev)) {
        return true;
    }
    return onTouchEvent(ev);
}
```

onUserInteraction 为一个空实现,那么事件通过 getWindow 开始交给 Activity 所附属的 Window 进行分发。如果返回 true,整个事件循环结束;返回 false 意味着事件没被处理;所有 View 的 onTouchEvent 都返回了 false,那么 Activity 的 onTouchEvent 就会被调用。

接下来看 Window 是如何将事件传递给 ViewGroup 的。通过源码知道,Window 是个抽象类,而 Window 的 superDispatchTouchEvent 方法也是抽象方法,因此我们必须找到 Window 的实现类才行。在 Android 中,Window 只有一个实现类:PhoneWindow,在这个类中可以找到实现的 superDispatchTouchEvent(ev)方法。在这个方法中,PhoneWindow 将事件直接传递给了 DecorView,这个 DecorView 就是我们通过 setContentView 设置的 View 的父类。通过上述过程将事件传递到了 View,也就是传递到了顶级 View。顶级 View 一般是 ViewGroup,DecorView 集成了 FrameLayout。

2. 顶级 View 对点击事件的分发过程

点击事件达到顶级 View(通常为 ViewGroup)以后，会调用 ViewGroup 的 dispatchTouchEvent 方法，然后逻辑是这样的：如果顶级 ViewGroup 拦截事件即 onInterceptTouchEvent 返回 true，则事件由 ViewGroup 处理。这时如果 ViewGroup 的 onTouchListener 被设置，那么 onTouch 会被调用，否则 onTouchEvent 会被调用，也就是说，onTouch 比 onTouchEvent 优先级高。如果顶级 ViewGroup 不拦截事件，则事件会传递给它所在的点击事件链上的子 View，这时子 View 的 dispatchTouchEvent 会被调用。到此为止，事件已经从顶级 View 传递给了下一层 View，接下来的传递过程与顶级 View 是一致的，如此循环，完成整个事件的分发。

第 9 章　View 的工作原理

本章主要介绍两方面的内容，首先介绍 View 的工作原理，接着介绍自定义 View 的实现方式。在 Android 体系中，View 扮演着很重要的角色，简单来理解，View 是 Android 在视觉上的呈现。在界面上，Android 提供了一套 GUI 库，里面有很多控件，但是很多时候我们并不满足于系统提供的控件，因为这样就意味着应用界面的同类化比较严重，那么怎么才能做出与众不同的效果呢？答案就是自定义 View。自定义 View 也可以称为自定义控件，通过自定义 View，我们可以实现各种五彩缤纷的效果。但是自定义 View 是有一定难度的，尤其复杂的自定义 View，大部分时候我们仅仅了解基本控件的使用方法是无法做出复杂的自定义控件的。为了更好地自定义 View，还需要掌握 View 的底层工作原理，比如 View 的测量流程、布局流程以及绘制流程。掌握这几个基本流程后，我们就对 View 的底层更加了解，这样我们就可以做出一个比较完善的自定义 View 了。

除了 View 的三大流程以外，View 常见的回调方法也是需要熟练掌握的，比如构造方法、onAttach、onVisibilityChanged、onDetach 等。另外对于一些具有滑动效果的自定义 View，我们还需要处理 View 的滑动，如果遇到滑动冲突还需要解决相应的滑动冲突。自定义 View 有几种固定类型，有的继承自 View 和 ViewGroup，有的则选择继承现有的系统控件，这些都可以，关键是要选择最适应当前需要的方式，选对自定义 View 的实现方式可以取得事半功倍的效果。

9.1　ViewRoot 和 DecorView

在正式介绍 View 的三大流程之前，我们必须先介绍一些基本概念，这样才能更好地理解 View 的 measure、layout 和 draw 过程。本节主要介绍 ViewRoot 和 DecorView 的概念。

ViewRoot 对应于 ViewRootImpl 类，它是连接 WindowManager 和 DecorView 的纽带，View 的三大流程均是通过 ViewRoot 来完成的。在 Activity Thread 中，当 Activity 对象被创建完毕后，会将 DecorView 添加到 Window 中，同时会创建 ViewGroup 对象，并将 ViewRootImpl 对象和 DecorView 建立关系。

View 的绘制流程是从 ViewRoot 的 performTraversals 方法开始的，它经过 measure、layout 和 draw 三个过程才能最终将一个 View 绘制出来，其中 measure 用来测量 View 的宽高，layout 用来确定 View 在父容器中的放置位置，而 draw 则负责将 View 绘制在屏幕上。针对 performTraversals 的大致流程，如图 9.1 所示。

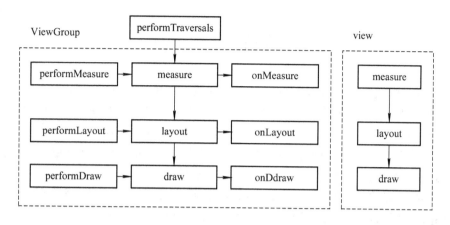

图 9.1

　　如图 9.1 所示，performTraversals 会移除调用 performMeasure、performLayout 和 performDraw，这三个方法分别完成顶级 View 的 measure、layout 和 draw 这三大流程，其中在 performMeasure 中会调用 measure 方法，在 measure 方法中又会调用 onMeasure 方法，在 onMeasure 方法中则会对所有的子元素进行 measure 过程，这个时候 measure 流程就从父容器传递到子元素了，这样就完成了一次 measure 过程。接着子元素会重复父容器的 measure 过程，如此反复就完成了整个 View 树的遍历。同理，performLayout 和 perform 的传递流程和 performMeasure 是类似的，唯一不同的是，performDraw 的传递过程是在 draw 方法中通过 dispatchDraw 来实现的。

　　Measure 过程中决定了 View 的宽高，Measure 完成之后，可以通过 getMeasureWidth 和 getMeasureHeight 方法来获得 View 的测量宽高，在几乎所有的情况下它都等同于 View 的最终宽高，特殊情况除外。Layout 过程决定了 View 的四个顶点的坐标和实际的 View 的宽高，完成以后，可以通过 getTop、getBottom、getLLeft、getRight 来得到 View 的四个顶点的位置，并可以通过 getWidth 和 getHeight 来得到 View 的最终宽高。Draw 过程则决定了 View 的显示，只有 Draw 方法完成以后 View 的内容才能呈现在屏幕上。

　　如图 9.2 所示，DecorView 作为 View，一般情况下它内部包含了一个竖直方向的 LineraLayout，在这个 LinearLayout 里面有上下两个部分，上面为标题栏，下面为内容栏。在 Activity 中我们通过 setContentView 所设置的布局文件其实就是被加到内容栏中去了，而内容栏的 id 是 content，因此可以理解 Activity 指定的布局文件为什么叫 setContentView，因为我们的布局的确加到了 id 为 content 的 FrameLayout 中去，如何得到 content 呢？可以这样：ViewGroup content = findViewById (R.android.id.content)。如何得到我们设置的 View 呢？可以这样：content.getChildAt()。同时，通过源码可以知道，DecorView 其实就是一个 FrameLayout，View 的事件都先经过 DecorView，然后才传递给我们的 View。

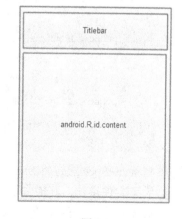

图 9.2

9.2　理解 MeasureSpec

为了更好地理解 View 的测量过程，我们还需要理解 MeasureSpec。从名字上来看，Measure 看起来像"测量规格"，似乎或多或少决定了 View 的测量过程。在源码中，MeasureSpec 的确参与了 View 的 measure 过程，读者可能有疑问，MeasureSpec 是做什么的呢？确切地说，MeasureSpec 在很大程度上决定了一个 View 的尺寸规格，之所以这么说是因为这个过程还受父容器的影响，因为父容器影响了 MeasureSpec 的创建过程。在测量过程中，系统会将 View 的 LayoutParms 根据父容器所施加的规则转换成对应的 MeasureSpec，然后再根据这个 MeasureSpec 来测量 View 的宽高。

9.2.1　MeasureSpec

MeasureSpec 代表一个 32 位 int 值。高 2 位代表 SpecMode，低 30 位代表 SpecSize。SpecMode 是指测量模式，而 SpecSize 指在某种测量模式下的规格大小。下面先看一下 MeasureSpec 内部的一些常量的定义，通过下面的代码，不难理解 MeasureSpec 的工作原理：

```
private static final int MODE_SHIFT = 30;
private static final int MODE_MASK = 0x3 << MODE_SHIFT;
public static final int UNSPECIFIED = 0 << MODE_SHIFT;
public static final int EXACTLY    = 1 << MODE_SHIFT;
public static final int AT_MOST    = 2 << MODE_SHIFT;
public static int makeMeasureSpec(int size, int mode) {
        if (sUseBrokenMakeMeasureSpec) {
            return size + mode;
        } else {
            return (size & ~MODE_MASK) | (mode & MODE_MASK);
        }
    }
public static int getMode(int measureSpec) {
            return (measureSpec & MODE_MASK);
    }
public static int getSize(int measureSpec) {
            return (measureSpec & ~MODE_MASK);
    }
```

MeasureSpec 通过将 SpecMode 和 SpecSize 打包成一个 int 值来避免过多的对象内存分配。为了方便操作，其提供了打包和解包操作，SpecMode 和 SpecSize 也是一个 int 值。SpecMode 有三类，每一类都表示特殊的含义。

UNSPECIFIED

父容器不对 View 有任何限制，要多大给多大，这种情况一般用于系统内部，表示一种测量的状态。

EXACTLY

父容器已经检测出 View 所需要的精确大小，这个时候最终大小就是 SpecSize 所指定的值，它对应于 LayoutParams 中的 match parent 和具体的数值两种模式。

AT_MOST

父容器指定了一个可用的大小即 SpecSize,View 的大小不能大于这个值,具体是多大看不同的 View 的具体实现。它对应于 LayoutParams 中的 wrap_content。

9.2.2　MeasureSpec 和 Layoutparams 的对应关系

上面提到，系统内部是通过 MeasureSpec 来进行 View 的测量的，但在正常情况下我们使用 View 指定 MeasureSpec。在 View 测量的时候，系统会将 LayoutParams 在父容器的约束下转换成对应的 MeasureSpec，然后再根据这个 MeasureSpec 来确定 View 测量后的宽高。需要注意的是，MeasureSpec 不是唯一由 LayoutParams 决定的，LayoutParams 需要和父容器一起才能决定 View 的 MeasureSpec，从而进一步决定 View 的宽高。另外，对于顶级 View 和普通 View 来说，MeasureSpec 的转换过程有所不同。对于 DecorView，其中 MeasureSpec 由窗口的尺寸和其自身的 LayoutParams 共同确定；对于普通 View，它的 MeasureSpec 由父容器的 MeasureSpec 和自身的 LayoutParams 共同决定；MeasureSpec 一旦确定，onMeasure 就可以确定 View 的宽高了。

对于 DecorView 来说，在 ViewRootImpl(注意这个类是隐藏的，需要在 resoure 文件中去找)中的 measureHierarchy 方法中有如下一段代码，它展示了 DecorView 的 MeasureSpec 的创建过程，其中 desiredWindowWidth 和 desiredWindowHeight 是屏幕的尺寸。

```
childWidthMeasureSpec = getRootMeasureSpec(desiredWindowWidth, lp.width);

childHeightMeasureSpec = getRootMeasureSpec(desiredWindowHeight, lp.height);

performMeasure(childWidthMeasureSpec, childHeightMeasureSpec);
```

接着再看一下 getRootMeasureSpec 方法的实现。

```
private static int getRootMeasureSpec(int windowSize, int rootDimension) {

    int measureSpec;

    switch (rootDimension) {

    case ViewGroup.LayoutParams.MATCH_PARENT:

        // Window can't resize. Force root view to be windowSize.

    measureSpec = MeasureSpec.makeMeasureSpec(windowSize, MeasureSpec.EXACTLY);

        break;

    case ViewGroup.LayoutParams.WRAP_CONTENT:

        // Window can resize. Set max size for root view.

    measureSpec = MeasureSpec.makeMeasureSpec(windowSize, MeasureSpec.AT_MOST);

        break;
```

```
        default:
            // Window wants to be an exact size. Force root view to be that size.
    measureSpec = MeasureSpec.makeMeasureSpec(rootDimension,MeasureSpec.EXACTLY);
            break;
        }
        return measureSpec;
    }
```

通过上述代码，DecorView 的 MeasureSpec 的产生过程就明确了，具体来说其遵守了如下规则，根据它的 LayoutParams 中的宽高的参数来划分。

- LayoutParams.MATCH_PARENT：精确模式，大小就是窗口的大小；
- LayoutParams.WRAP_CONTENT：最大模式，大小不定，但是不能超过窗口的大小；
- 固定大小：精确模式，大小为 LayoutParams 中指定的大小。

对于普通的 View 来说，这里是指我们布局中的 View，View 的 measure 过程由 ViewGroup 传递而来，先看一下 ViewGroup 的 measureChildWithMargins 方法：

```
    protected void measureChildWithMargins(View child,
    int parentWidthMeasureSpec, int widthUsed,
    int parentHeightMeasureSpec, int heightUsed) {
    final MarginLayoutParams lp = (MarginLayoutParams)
    child.getLayoutParams();
    final int childWidthMeasureSpec = getChildMeasureSpec(parentWidthMeasureSpec,mPaddingLeft +
mPaddingRight + lp.leftMargin + lp.rightMargin+ widthUsed, lp.width);
    final int childHeightMeasureSpec = getChildMeasureSpec(parentHeightMeasureSpec,mPaddingTop
+ mPaddingBottom + lp.topMargin + lp.bottomMargin + heightUsed, lp.height);
    child.measure(childWidthMeasureSpec,childHeightMeasureSpec);
    }
```

上述方法会对子元素进行 measure，在调用子元素的 measure 方法之前会先通过 getChildMeasureSpec 方法得到资源的 MeasureSpec。从代码来看，很显然，子元素的 MeasureSpec 的创建与父容器的 MeasureSpec 和子元素自身的 LayoutParams 有关，此外还和 View 的 margin 和 padding 有关。具体看 ViewGroup 的 getChildMeasureSpec 方法。如下所示：

```
    public static int getChildMeasureSpec(int spec, int padding, int childDimension) {
    int specMode = MeasureSpec.getMode(spec);
    int specSize = MeasureSpec.getSize(spec);
    int size = Math.max(0, specSize - padding);
    int resultSize = 0;
    int resultMode = 0;
    switch (specMode) {
        // Parent has imposed an exact size on us
```

```
        case MeasureSpec.EXACTLY:
    if (childDimension >= 0) {
        resultSize = childDimension;
        resultMode = MeasureSpec.EXACTLY;
    } else if (childDimension == LayoutParams.MATCH_PARENT) {
        // Child wants to be our size. So be it.
        resultSize = size;
        resultMode = MeasureSpec.EXACTLY;
    } else if (childDimension == LayoutParams.WRAP_CONTENT)
// Child wants to determine its own size. It can't be
 // bigger than us.
    resultSize = size;
    resultMode = MeasureSpec.AT_MOST;
        }
    Break;
        // Paren; t has imposed a maximum size on us
    case MeasureSpec.AT_MOST:
    if (childDimension >= 0) {
                // Child wants a specific size... so be it
        resultSize = childDimension;
        resultMode = MeasureSpec.EXACTLY;
    } else if (childDimension == LayoutParams.MATCH_PARENT) {
                // Child wants to be our size, but our size is not fixed.
                // Constrain child to not be bigger than us.
                resultSize = size;
                resultMode = MeasureSpec.AT_MOST;
            } else if (childDimension == LayoutParams.WRAP_CONTENT) {
                // Child wants to determine its own size. It can't be
                // bigger than us.
            resultSize = size;
            resultMode = MeasureSpec.AT_MOST;
            }
            break;
        // Parent asked to see how big we want to be
case MeasureSpec.UNSPECIFIED:
    if (childDimension >= 0) {
        // Child wants a specific size... let him have it
        resultSize = childDimension;
        resultMode = MeasureSpec.EXACTLY;
```

```
          } else if (childDimension == LayoutParams.MATCH_PARENT) {
    // Child wants to be our size... find out how big it should
      // be
          resultSize = 0;
          resultMode = MeasureSpec.UNSPECIFIED;
          } else if (childDimension == LayoutParams.WRAP_CONTENT) {
    // Child wants to determine its own size.... find out how
      // big it should be
          resultSize = 0;
          resultMode = MeasureSpec.UNSPECIFIED;
              }
          break;
      }
    return MeasureSpec.makeMeasureSpec(resultSize, resultMode);
      }
```

上述方法不难理解，它的主要作用是根据父容器的 MeasureSpec 同时结合 View 本身的 LayoutParams 的参数来确定子元素的 MeasureSpec，参数中的 padding 是指父容器已占用的控件大小，因此子元素可用的大小为父容器的尺寸减去 padding，具体的代码如下：

```
int specSize = MeasureSpec.getSize(spec);
int size = Math.max(0, specSize - padding);
```

getChildMeasureSpec 清楚地展示了普通 View 的 MeasureSpec 的创建规则。为了更清晰地理解它的逻辑，这里提供了一个表，表中对 getChildMeasureSpec 的工作原理进行了梳理。在表 9.1 中，表中的 ParentSize 是指父容器中目前可用的大小。

表 9.1　普通 View 的 MeasureSpec 的创建规则

childLayoutParams parentSpecMode	EXACTLY	AT_MOST	UNSPECIFIED
dp/px	EXACTLY childSize	EXACTLY childSize	EXACTLY childSize
Match_parent	EXACTLY parentSize	AT_MOST parentSize	UNSPECIFIED o
Warp_content	AT_MOST parentSize	AT_MOST parentSize	UNSPECIFIED o

针对表 9.1，这里再做一下说明。前面已经提到，对于普通的 View，其 Measure 由父容器的 MeasureSpec 和自身的 LayoutParams 来共同决定，那么针对不同的父容器和 View 自身不同的 LayoutParams，View 就可以有多种 MeasureSpec。这里简单说明一下，当 View 采用固定宽高时，不管父容器的 MeasureSpec 是什么，View 的 MeasureSpec 都是精准模式而大小则是 LayoutParams 的大小。当 View 的宽高是 match_parent，如果父容器的模式是精准模式，那么 View 也是精准模式并且大小是父容器的剩余空间；如果父容器是最大模式，

那么 View 也是最大模式并且大小不会超过父容器的剩余空间。当 View 的宽高是 wrap_content 时，不管父容器的模式是精准模式还是最大化，View 的模式总是最大化并且大小不能超过父容器的剩余空间。

通过表 9.1 可以看出，只要提供父容器的 MeasureSpec 和子元素的 LayoutParams，就可以快速地确定子元素的 MeasureSpec 了，有了 MeasureSpec 就可以进一步确定出子元素测量的大小了。

9.3　View 的工作流程

View 的工作流程主要是指 Measure、Layout、Draw 这三大流程，即测量、布局和绘制，其中 Measure 确定 View 的测量宽高，Layout 确定 View 的最大宽高和四个顶点的位置，而 Draw 则将 View 绘制到屏幕上。

9.3.1　Measure 过程

Measure 过程要分情况来看，如果只是一个原始的 View，那么通过 Measure 方法就完成了其测量过程；如果是一个 ViewGroup，除了完成自己的测量过程外，还会遍历调用所有子元素的 measure 方法，各个子元素再递归去执行这个流程。下面针对这两种情况分别讨论。

1. View 的 Measure 过程

View 的 Measure 过程由其 Measure 方法来完成。Measure 方法是一个 final 类型的方法，意味着子类不能重写此方法。在 View 的 Measure 方法中会去调用 View 的 onMeasure 方法，因此只需要看 onMeasure 的实现即可。View 的 onMeasure 方法如下所示：

```
protected void onMeasure(int widthMeasureSpec, int heightMeasureSpec) {
    setMeasuredDimension(getDefaultSize(getSuggestedMinimumWidth(),
widthMeasureSpec),getDefaultSize(getSuggestedMinimumHeight(), heightMeasureSpec));
    }
```

上述代码很简洁，通过 setMeasuredDimenson 方法设置 View 宽高的测量值，因此我们只需要看 getDefaultSize 这个方法即可。

```
public static int getDefaultSize(int size, int measureSpec) {
    int result = size;
    int specMode = MeasureSpec.getMode(measureSpec);
    int specSize = MeasureSpec.getSize(measureSpec);
    switch (specMode) {
    case MeasureSpec.UNSPECIFIED:
        result = size;
        break;
    case MeasureSpec.AT_MOST:
```

```
        case MeasureSpec.EXACTLY:
            result = specSize;
            break;
    }
    return result;
}
```

可以看出，getDefaultSize 这个方法的逻辑很简单，对于我们来说，我们只需要知道 AT_MOST 和 EXACTLY 这两种情况。简单地理解，其实 getDefaultSize 返回的大小就是 measureSpec 中的 specSize,而这个 specSize 就是 View 测量后的大小。这里多次提到测量后的大小，是因为 View 最终的大小是在 layout 阶段确定的，所以这里必须要加以区分，但不是所有情况下的 View 的测量大小都与最终大小相等。

至于 UNSPECIFIED 这种情况，一般用于系统内部的测量过程，在这种情况下，View 的大小为 getDefaultSize 的第一个参数，即宽高分别为 getSuggestedMinimumWidth 和 getSuggestedMinimumHeight 这两个方法的返回值，看一下它们的源码：

```
protected int getSuggestedMinimumHeight() {
    return (mBackground == null)?mMinHeight: max(mMinHeight, mBackground.getMinimumHeight());}

protected int getSuggestedMinimumWidth() {
    return (mBackground==null)? mMinWidth: max(mMinWidth, mBackground.getMinimumWidth());
}
```

从 getSuggestedMinimumWidth 的源码可以看出，如果 View 没有设置任何背景，那么 View 的宽度为 mMinWidth，而 mMinWidth 对应于 android:minWidth 这个属性所指定的值，因此 View 的宽度即为 android:minWidth 属性所指定的值。这个属性如果不知道，那么 mMinWidth 则默认为 0；如果 View 指定了背景，则 View 的宽度为 max(mMinWidth, mBackground.getMinimumWidth())。我们看一下 Drawable 的 getMinimumWidth()方法，如下所示：

```
public int getMinimumWidth() {
    final int intrinsicWidth = getIntrinsicWidth();
    return intrinsicWidth > 0 ? intrinsicWidth : 0;
}
```

可以看出，getMinimumWidth 返回的就是 Drawable 的原始宽度，前提是这个 Drawable 有原始宽度，否则就返回 0。那么 Drawable 在什么情况下有原始宽度呢？ShapeDrawable 无原始宽高，而 BitmapDrawable 有原始宽高。

从 getDefault 方法的实现来看，View 的宽高由 SpecSize 决定，所以我们可以得出以下结论：直接继承 View 的自定义控件需要重写 onMeasure 方法并设置 wrap_content 时的自身参数，否则在布局文件中使用 wrap_content 就相当于 match_parent。

2. ViewGroup 的 measure 过程

对于 ViewGroup 来说，除了完成自己的 measure 过程以外，还会去调用所有子元素的

measure 方法，各个子元素再递归去执行这个过程。和 View 不同的是，ViewGroup 是一个抽象类，因此它没有重写 View 的 onMeasure 方法，但是它提供了一个叫 measureChildren 的方法，如下所示：

```
protected void measureChildren(int widthMeasureSpec, int heightMeasureSpec) {
final int size = mChildrenCount;
final View[] children = mChildren;
for (int i = 0; i < size; ++i) {
  final View child = children[i];
   if ((child.mViewFlags & VISIBILITY_MASK) != GONE) {
                    measureChild(child, widthMeasureSpec, heightMeasureSpec);
             }
          }
       }
```

从上述代码来看，ViewGroup 在 measure 时会对每一个子元素进行 measure，measureChild 这个方法的实现也很好理解，如下所示：

```
protected void measureChild(View child, int parentWidthMeasureSpec,
int parentHeightMeasureSpec) {
final LayoutParams lp = child.getLayoutParams();
final int childWidthMeasureSpec = getChildMeasureSpec(parentWidthMeasureSpec,mPaddingLeft +
mPaddingRight, lp.width);
   final int childHeightMeasureSpec = getChildMeasureSpec(parentHeightMeasureSpec,
mPaddingTop + mPaddingBottom, lp.height);
   child.measure(childWidthMeasureSpec, childHeightMeasureSpec);
      }
```

很显然，measureChild 就是取出子元素的 LayoutParams，然后再通过 getChildMeasureSpec 来创建子元素的 MeasureSpec,接着 MeasureSpec 直接传递给 View 的 measure 方法来进行测量。getChildMeasureSpec 的工作过程已经进行了详细分析。

我们知道 ViewGroup 并没有定义其测量的具体过程，这是因为 ViewGroup 是一个抽象类，其测量过程的 onMeasure 方法需要各个子类去具体实现，比如 LinearLayout、ReLativeLayout 等。为什么 ViewGroup 不像 View 一样对其 onMeasure 方法做统一的实现呢？那是因为不同的 ViewGroup 子类有不同的布局特性，这导致它们的测量细节都不相同。下面就通过 LinearLayout 的 onMeasure 方法来分析 ViewGroup 的 measure 过程，其他 Layout 类型读者可以自行分析。

首先来看 LinearLayout 的 onMeasure 方法，如下所示：

```
protected void onMeasure(int widthMeasureSpec, int heightMeasureSpec) {
if (mOrientation == VERTICAL) {
measureVertical(widthMeasureSpec, heightMeasureSpec);
```

```
    } else {
    measureHorizontal(widthMeasureSpec, heightMeasureSpec);
        }
```

上述代码很简单，对不同的布局方向做了不同的测量，选择查看垂直布局的 LinearLayout 测量过程，即 measureVertical 方法。measureVertical 方法中重要代码如下：

```
// See how tall everyone is. Also remember max width.
for (int i = 0; i < count; ++i) {
            final View child = getVirtualChildAt(i);
....
measureChildBeforeLayout(child, i, widthMeasureSpec, 0, heightMeasureSpec,
totalWeight == 0 ? mTotalLength : 0);
if (oldHeight != Integer.MIN_VALUE) {lp.height = oldHeight;
            }
    final int childHeight = child.getMeasuredHeight();
    final int totalLength = mTotalLength;
    mTotalLength=Math.max(totalLength, totalLength + childHeight + lp.topMargin + lp.bottomMargin
+ getNextLocationOffset(child));
```

从上面这段代码可以看出，系统会遍历子元素并对子元素执行 measureChild-BeforeLayout 方法，这个方法内部会调用子元素的 measure 方法，这样各个子元素就开始依次进入 measure 过程，并且系统会通过 mTotalLength 这个变量来存储 LinearLayout 在竖直方向的初步高度。每测量一个子元素，mTotalLength 就会增加，增加的部分主要包括子元素的高度以及子元素在竖直方向上的 margin 等。当子元素测量完毕后，LinearLayout 会测量自己的大小，源码如下：

```
// Add in our padding
mTotalLength += mPaddingTop + mPaddingBottom;
int heightSize = mTotalLength;
// Check against our minimum height
heightSize = Math.max(heightSize, getSuggestedMinimumHeight());
// Reconcile our calculated size with the heightMeasureSpec
int heightSizeAndState = resolveSizeAndState(heightSize, heightMeasureSpec, 0);
heightSize = heightSizeAndState & MEASURED_SIZE_MASK;
.....
setMeasuredDimension(resolveSizeAndState(maxWidth,widthMeasureSpec,childState),
        heightSizeAndState);
```

这里对上述代码进行说明，当子元素测量完毕后，LinearLayout 会根据子元素的情况来测量自己的大小，针对竖直的 LinearLayout 而言，它在水平方向的测量过程遵循 View 的测量过程，在竖直方向的测量过程与 View 有所不同。具体来说，如果它的布局中高度采用的是 match_parent 或者具体数值，那么它的测量过程与 View 一致，即高度为 specSize；如果它的布局高度采用 wrap_content,那么它的高度是所有子元素所占用的高度总和，但是仍然不能超过它的父容器的剩余空间，当然它的最终高度还需要考虑其他在竖直方向的 padding，这个过程可以进一步参看源码：

```
public static int resolveSizeAndState(int size, int measureSpec, int childMeasuredState) {
    int result = size;
    int specMode = MeasureSpec.getMode(measureSpec);
    int specSize =   MeasureSpec.getSize(measureSpec);
    switch (specMode) {
    case MeasureSpec.UNSPECIFIED:
        result = size;
        break;
    case MeasureSpec.AT_MOST:
        if (specSize < size) {
            result = specSize | MEASURED_STATE_TOO_SMALL;
        } else {
            result = size;
        }
        break;
    case MeasureSpec.EXACTLY:
        result = specSize;
        break;
    }
    return result | (childMeasuredState&MEASURED_STATE_MASK);}
```

View 的 measure 过程是三大流程中最复杂的一个。measure 完成以后，通过 getMeasureWidth 和 getMeasureHeight 方法可以正确地获得 View 的测量宽高。需要注意的是，在某些极端情况下，系统可能需要多次测量 measure 才能确定最终的测量宽高，在这种情形下，在 onMeasure 方法中拿到的测量宽高很可能是不准确的。一个比较好的办法是在 onLayout 方法中去获取 View 的测量宽高。

上面已经对 View 的 measure 过程进行了详细的分析，现在考虑一种情况，比如我们想在 Activity 已启动的时候就做一个任务，但是这个任务需要获取这个 View 的宽高。读者可能会说，这很简单，在 onCreate 或者 onResume 里面去获取这个 View 的宽高。读者可以自行试一试，实际上在 onCreate 或者 onStart、onResume 中均无法正确得到某个 View 的宽高信息，这是因为 View 的 measure 和 Activity 的生命周期方法不是同步执行的，一次无法保证 Activity 执行了 onCreate、onStart、onResume 时某个 View 已经测量完毕。如果 View 还没有测量完毕，那么获得的宽高就是 0。有没有什么方法能解决这个问题呢？答案是有的，这里给出四种方法来解决这个问题。

1) onWindowFocusChanged

onWindowFocusChanged 这个方法的含义是：View 已经初始化完毕了，宽高已经准备好了，这个时候去获取宽高没有问题。需要注意的是，onWindowFocusChanged 会被调用多次，当 Activity 的窗口得到焦点和失去焦点时均会被调用一次。具体来说，当 Activity 继续执行和暂停执行时，onWindowFocusChanged 均会被调用，如果频繁地进行 onResume 和 onPause ,那么 onWindowFocusChanged 也会被频繁地调用。

2) View.post(runnable)

通过 post 可以将一个 runnable 投递到消息队列的尾部，然后等待 Looper 调用此 runnable 的时候，View 也已经初始化了。典型代码如下：

```
protected void onCreate(){
    Super.onstart()
    view.post(new Runnable){
    @override
    public void run(){
    int width=view.getMeasureWidth();
    int height=view.getMeasureHeight()
    }
    }
    }
```

3) ViewTreeObserver

使用 ViewTreeObserver 的众多回调方法可以完成这个功能，比如使用 onGlobalLLayoutListener 这个接口，当 View 树的状态发生改变或者 View 树内部的 View 可见性发生改变时，onGlobalLyaout 方法将被回调，因此这是 获取 View 宽高的一个很好的时机。需要注意的是，伴随 View 树的状态改变等，onGlobalLayout 会被调用多次。典型代码如下：

```
ViewTreeObserver observer=view.getViewTreeObserver();
observer.addOnGlobalLayoutListener(new OnGlobalLayoutListener() {
    @Override
    public void onGlobalLayout() {
    view.getViewTreeObserver().removeOnGlobalLayoutListener(this);
        int width=view.getMeasuredWidth();
        int height=view.getMinimumHeight();
    }
});
```

9.3.2 Layout 过程

Layout 的作用是 ViewGroup 用来确定子元素的位置，当 ViewGroup 的位置被确定后，它在 onLayout 中会遍历所有的子元素并调用其 Layout 方法。在 Layout 方法中 onLayout 方法会被调用。Layout 过程比 measure 过程简单，在 Layout 方法中确定 View 本身的位置，而 onLayout 方法则会确定所有子元素的位置。先看 View 的 Layout 方法，如下所示：

```
public void layout(int l, int t, int r, int b) {
  if ((mPrivateFlags3 & PFLAG3_MEASURE_NEEDED_BEFORE_LAYOUT) != 0) {
   onMeasure(mOldWidthMeasureSpec, mOldHeightMeasureSpec);
   mPrivateFlags3 &= ~PFLAG3_MEASURE_NEEDED_BEFORE_LAYOUT;
      }
 int oldL = mLeft;
 int oldT = mTop;
 int oldB = mBottom;
 int oldR = mRight;
 boolean changed = isLayoutModeOptical(mParent) ?
 setOpticalFrame(l, t, r, b) : setFrame(l, t, r, b);
 if (changed||(mPrivateFlags&PFLAG_LAYOUT_REQUIRED)== PFLAG_LAYOUT_REQUIRED){
  onLayout(changed, l, t, r, b);
 mPrivateFlags &= ~PFLAG_LAYOUT_REQUIRED;
 ListenerInfo li = mListenerInfo;
 if (li != null && li.mOnLayoutChangeListeners != null) {
  ArrayList<OnLayoutChangeListener> listenersCopy =(ArrayList<OnLayoutChangeListener>)
   li.mOnLayoutChangeListeners.clone();
  int numListeners = listenersCopy.size();
  for (int i = 0; i < numListeners; ++i) {
  listenersCopy.get(i).onLayoutChange(this, l, t, r, b, oldL, oldT, oldR, oldB);
             }
          }
       }
       mPrivateFlags &= ~PFLAG_FORCE_LAYOUT;
       mPrivateFlags3 |= PFLAG3_IS_LAID_OUT;
   }
```

　　Layout 方法的大致流程如下：首先通过 setFrame 方法来设定 View 的四个顶点的位置，即初始化 mLeft、mRight、mTop、mBottom 这四个值。View 的四个顶点一旦确定，那么 View 在父容器中的位置就确定了，接着会调用 onLayout 方法。这个方法的用途是父容器确定子元素的位置，和 onMeasure 方法类似，onLayout 的具体实现同样和具体的布局相关，那么 View 和 ViewGroup 均没有真正实现 onLayout。接下来，我们可以看一下 LinearLayout 的 onLayout 方法，如下所示：

```
protected void onLayout(boolean changed, int l, int t, int r, int b) {
 if (mOrientation == VERTICAL) {
             layoutVertical(l, t, r, b);
   } else {
             layoutHorizontal(l, t, r, b);
   }
   }
```

LinearLayout 中的 Layout 的实现逻辑和 onMeasure 的实现逻辑类似，这里选择 layoutVertical 继续讲解。为了更好地理解其逻辑，这里只给出主要的代码：

```
void layoutVertical(int left, int top, int right, int bottom) {
    final int count = getVirtualChildCount();
for (int i = 0; i < count; i++) {
 final View child = getVirtualChildAt(i);
 if (child == null) {
                    childTop += measureNullChild(i);
                    } else if (child.getVisibility() != GONE) {
final int childWidth = child.getMeasuredWidth();
final int childHeight = child.getMeasuredHeight();
final LinearLayout.LayoutParams lp =
(LinearLayout.LayoutParams) child.getLayoutParams();
....
if (hasDividerBeforeChildAt(i)) {
        childTop += mDividerHeight;
            }
childTop += lp.topMargin;
setChildFrame(child, childLeft, childTop + getLocationOffset(child), childWidth, childHeight);
childTop += childHeight + lp.bottomMargin + getNextLocationOffset(child);
i += getChildrenSkipCount(child, i);
        }
    }
}
```

这里分析一下 layoutVertical 的代码逻辑，可以看到，此方法会遍历所有子元素并调用 setChildFrame 方法来为子元素指定对应的位置，其中 childTop 会慢慢增大，这就意味着后面的子元素会被放置在靠下的位置，这刚好符合竖直方向的 linearLayout 的特性。至于 setChildFrame，它仅仅是调用子元素的 layout 方法而已，这样父元素在子元素 layout 方法中完成自己的定位以后，就通过 onlayout 方法去调用子元素的 layout 方法，子元素又会通过自己的 layout 方法来确定自己的位置，这样一层一层地传递下去就完成了整个 View 树的 layout 过程。setChildFrame 方法的实现如下所示：

```
private void setChildFrame(View child, int left, int top, int width, int height) {
        child.layout(left, top, left + width, top + height);
    }
```

在 setChildFrame 中的 width 和 height 实际上就是子元素的测量宽高。

通过上诉代码显示在 LinearLayout 中 Layout 的整个流程。读者可以自行参考其他 view 的 layout 方法流程。

9.3.3　Draw 过程

Draw 过程就比较简单，它的作用是将 View 绘制到屏幕上面。View 的绘制过程遵循如下几步：

(1) 绘制背景　background.draw(canvas)。

(2) 绘制自己 (onDraw)。

(3) 绘制 children(dispatchDraw)。

(4) 绘制装饰(onDrawScrollBars)。

当需要使用自定义 View 时，都需要实现该方法，在下一节中，将完成几个自定 View。

9.4　自定义 View

本节将详细介绍自定义 View 的相关知识。自定义 View 的作用不用多说，读者应该清楚，如果想要做出炫丽的界面效果仅仅靠系统的控件是远远不够的，这个时候就可以使用自定义 View 来实现炫丽的效果。自定义 View 是一个综合的技术体系，它涉及 View 的层次结构、事件分发机制和 View 的工作原理等技术细节，而这些技术细节每一项都是初学者难以掌握的，因此不难理解为什么初学者都觉得自定义 View 很难。本节将主要以案例的形式带着读者完成一些自定义 View。

9.4.1　继承 View

继承 View 主要用于实现一些不规则的效果，即这些效果不方便通过布局的组合方式来达到，往往需要静态或者动态地显示一些不规则的图形。很显然这需要通过绘制的方式来实现，即重写 onDraw 方法。采用这种方式需要自己支持 wrap_content，并且 padding 也需要自己处理。

定义一个 MyCustomView 类，该类继承了 View，代码如下：

```
public class MyCustomView    extends View{
    Bitmap bitmap=null;
    int viewWidth,viewHeight;
    public MyCustomView(Context context, AttributeSet attrs) {
        super(context, attrs);
        //加载资源文件中的一张图片，得到该图片的位图对象
        bitmap=BitmapFactory.decodeResource(getResources(), R.drawable.background);
    }

    //当 view 大小发生变化时，自动调用此方法，为 Activity 的方法
    @Override
    protected void onSizeChanged(int w, int h, int oldw, int oldh) {
```

```
        super.onSizeChanged(w, h, oldw, oldh);
        //得到屏幕尺寸发生变化时的大小
        this.viewWidth=w;
        this.viewHeight=h;
    }


    @Override
    protected void onDraw(Canvas canvas) {
        super.onDraw(canvas);
        Paint paint=new Paint();
        paint.setColor(Color.RED);
        //定义指定大小的矩形
        Rect rect=new Rect(0, 0, viewWidth, viewHeight);
        //绘制一个红色区域的矩形
        canvas.drawRect(rect, paint);
        //在红色区域上绘制该图片
        canvas.drawBitmap(bitmap, 0, 0, paint);
    }
```

如上面代码所示，在 MyCustomView 的构造方法中得到了 background.png 图片的位图对象，在 onDraw 方法里创建了一个 paint 对象，同时绘制一块矩形，该矩形的大小由 viewWidth、viewHeight 决定，viewWidth 以及 viewHeight 在第一次加载 MyCustomView 时得到它们的初始值，也就是通过 onSizeChanged() 方法得到它的值。最后通过 canvus.drawBitmap() 把图片绘制到指定的区域。我们需要将该 View 放入布局文件中去，Activity_main.xml 代码如下：

```xml
<LinearLayout xmlns:android="http://schemas.android.com/apk/res/android"
    android:layout_width="fill_parent"
    android:layout_height="fill_parent"
    android:orientation="vertical">
    <TextView
        android:id="@+id/tvContent"
        android:layout_width="wrap_content"
        android:layout_height="wrap_content"
        android:text="下面的是自定义" />
    <com.iboss.customview.MyCustomView
        android:id="@+id/mv"
        android:layout_width="wrap_content"
        android:layout_height="wrap_content"
        />
</LinearLayout>
```

在布局文件中部署该自定义 View 的时候，需要将包名以及类名都写进去。如果仅仅是写入 MyCustomView 将会出现错误。

运行程序，出现如图 9.3 所示结果。

图 9.3

如图 9.3 所示，在 textView 的区域下面绘制了一块红色区域，在该区域的左上角有一个图片，即 background.xml，这样简单地实现了自定义 View。接下来我们将在此基础上更加复杂化。我们希望上图中那块灰色的区域能够填充整个红色区域。如何实现？代码如下：

```
@Override
protected void onDraw(Canvas canvas) {
        super.onDraw(canvas);
        Paint paint=new Paint();
        paint.setColor(Color.RED);
        //定义指定大小的矩形
        Rect rect=new Rect(0, 0, viewWidth, viewHeight);
        //绘制一个红色区域的矩形
        canvas.drawRect(rect, paint);
        //------1  修改的地方------------
        for(int col=0;col<viewWidth/bitmap.getWidth()+1;col++){
           for(int row=0;row<viewHeight/bitmap.getHeight()+1;row++){
                //在红色区域上绘制该图片
           canvas.drawBitmap(bitmap, col*bitmap.getWidth(), row*bitmap.getHeight(), paint);
           }
        }
    }
```

在修改部分，使用双层 for 循环，在外层循环，绘制图片的宽度，内层循环绘制图片的高度。

执行上述修改后的代码可以看到，整个区域都已经填充该图片。接下来，我们将在这些图片上绘制图 9.4，并且居中。在以往的布局文件中，我们可以通过控件的属性设置控件的位置。在自定义控件内，没有这些属性设置，需要我们自己去计算。

图 9.4

如何计算这个自定义 View 的中间位置，在 onDraw()方法中添加如下代码：

```
//--------------绘制 logo----------------
//-----------1 得到 logo 位图对象-------------
logo=BitmapFactory.decodeResource(getResources(), R.drawable.loading_logo);
//-----------2 计算坐标--------------------
int logoLeft=(viewWidth-logo.getWidth())/2;//logo 放置的 x 坐标
int logoTop=(viewHeight-logo.getHeight())/2;//logo 放置的 y 坐标
// ----------3 绘制 logo 图-------------
canvas.drawBitmap(logo, logoLeft, logoTop, paint);
```

整个过程共分为三步：首先需要得到该图片的位图对象；同时需要绘制的坐标信息；当有了上述两个条件之后，通过 canvus 方法就可绘制图片、显示图片上的文字了。类似于 Android 自定义的 TextView，运行结果如图 9.5 所示。

图 9.5

如图 9.5 所示，在自定义 View 上加载了 "疯狂英语" 文字，就效果而言，与 TextView 的效果完全一样。就单纯显示文字来说，没有区别。可是如果要实现动态显示呢？ TextView 就表现出它的局限性。接下来，我们需要动态的显示文字，在上述 demo 中，在界面的底部逐个显示一行字。文字图片如图 9.6 所示。

随时随地学英语

图 9.6

我们想要的效果是 "随时随地学英语" 这几个字慢慢地显示出来，而不是一下全部显示出来，这样就形成了一个动态的效果。在传统的控件中，TextView 无法实现该效果，而在自定义 View 中可以随心所欲地完成你想要的效果。实现代码如下：

```
//-------------动态显示文字----------------
//---------------1 加载动态文字图片--------
progressBar=BitmapFactory.decodeResource(getResources(), R.drawable.loading_progressbar);
//---------------2 计算宽高-------------
 int progressLeft=(viewWidth-progressBar.getWidth())/2;
//---------------高度=logo 的高度+动态文字的高度+两者的间距(注意坐标原点)
 int progressTop=logoTop+progressBar.getHeight()+100;
 //---------------3 绘制图片--------------
canvas.drawBitmap(progressBar, progressLeft, progressTop, paint);
```

运行程序，结果如图 9.7 所示。

图 9.7

结果如图 9.7 所示，动态文字内容显示出来，但是没有达到我们需要的效果，继续修改。这次我们需要用到线程。代码如下：

```
public class MyCustomView   extends View   implements Runnable{
     Bitmap bitmap=null;
```

```
    Bitmap logo;
    int viewWidth,viewHeight;
    Bitmap progressBar;
    //线程刷新，图片显示区域控制模块
    private int index=0;
```

让 MyCustomView 实现 Runnable 接口,定义一个图片显示区域控制模块参数 index。利用线程刷新 index 参数，从而控制图片显示区域。让图片中的文字达到慢慢显示的后果。线程代码如下：

```
@Override
public void run() {
    try {
        while (index<7) {
            //开启线程每一秒 index 增加 1
            index++;
            Thread.sleep(500);
            //在子线程刷新 Ui
            postInvalidate();
        }
    } catch (Exception e) {
        // TODO: handle exception
    }
}
```

在主线程刷新 UI 使用的是 Invalidate()方法,注意在此案例中 index 的变化是在子线程中，故使用的是 postInvalidate();。

在 MyCustomView 的构造方法中开启线程，代码如下：

```
public MyCustomView(Context context, AttributeSet attrs) {
    super(context, attrs);
    //加载资源文件中的一张图片，得到该图片的位图对象
    bitmap=BitmapFactory.decodeResource(getResources(), R.drawable.background);
    //开启线程
    new Thread(this).start();
}
```

当加载该自定义 View 时,开启工作线程,改变 index 值的大小,同时调用 postInvalidate()方法刷新 UI,每次刷新 UI 时都将重新调用 onDraw()方法,从而动态显示文字。在 onDraw()中增加代码如下：

```
//---------------3 绘制图片---------------
        //将下面代码注销，绘制图片我们将在确认显示区域之后绘制，通过改变显示区域的大
小，能实现显示图片的大小
    //          canvas.drawBitmap(progressBar, progressLeft, progressTop, paint);
```

```
        //------------动态文字展示--------------
            //将动态文字区域分为 7 份相同的长度(7 个文字)
int wordWidth=progressBar.getWidth()/7;
            //定义矩形显示区域位置大小
int showLeft=progressLeft;
int showTop=progressTop;
            //注意这个位置是随着 index 而改变的，当 index 慢慢增大时，此显示区域慢慢变大，
            //也就是文字显示的越来越多，达到我们想要的效果
int showRight=progressLeft+wordWidth*index;
int showButtom=progressTop+progressTop+progressBar.getHeight();
            //绘制显示区域，在显示区域才显示，不在显示区域则不显示
canvas.clipRect(showLeft, showTop, showRight, showButtom);
            //将位图对象绘制在显示区域内，一个字一个字的显示
canvas.drawBitmap(progressBar, progressLeft, progressTop, paint);
```

通过上述代码，可以实现文字慢慢显示的效果。

接下来我们使用自定义 View 来实现一个复杂的控件——绘制股票的趋势图。

1．实时股价-时间界面

一个股票趋势图包含有时间、价格以及趋势走向等因素，我们一个一个来完成它。首先完成在屏幕下方绘制时间。模拟一组数据用于绘制时间。

自定义 View 类代码如下：

```
public class MyCustomView    extends View{
    //根据观察，股票趋势图包含时间、价格，故采用 HashMap 保存时间以及价格，
    //同时把每一个股票价格采集点保存到 ArrayList 中
    private ArrayList<HashMap<String, String>> lists=null;
    int viewWidth,viewHeight;
    public MyCustomView(Context context, AttributeSet attrs) {
        super(context, attrs);
        Log.i("time", "此时调用了自定义控件的构造方法");
    }
    public void setData(ArrayList<HashMap<String, String>> lists){
        //给自定义控制增加数据
        this.lists=lists;
    }
    @Override
    protected void onDraw(Canvas canvas) {
        Log.i("time", "此时调用了自定义控件的 onDraw()...");
        //得到画笔对象
        Paint paint=new Paint();
```

```
            //设置字体大小
            paint.setTextSize(50);
            //设置画笔颜色
            paint.setColor(Color.BLACK);
                //绘制股票价格显示区域
            canvas.drawRect(0, 0, viewWidth, viewHeight, paint);
        //修改画笔颜色
            paint.setColor(Color.RED);
            //在这里绘制时间
            //根据数据的长度决定需要绘制多少个时间点
    //设置每个时间的间距,viewWidth-20 是为了保证最后一个时间能够在屏幕上显示出来
            int xGap=(viewWidth-20)/(lists.size()-1);
            for(int i=0;i<lists.size();i++){
                //得到时间点
                String time=lists.get(i).get("time");
                //绘制时间,根据 list 的存放顺序来得到第 i 个时间的位置
                canvas.drawText(time, i*xGap, viewHeight, paint);
            }
        }
        @Override
        protected void onSizeChanged(int w, int h, int oldw, int oldh) {
            super.onSizeChanged(w, h, oldw, oldh);
            Log.i("time", "此时调用了自定义控件的 onSizeChanged()...");
            //得到该控件的宽高
            viewWidth=w;
            viewHeight=h;
        }
    }
```

在自定义 View 类中，我们定义了一个集合 lists 保存股票价格点，在 lists 中保存的是 HashMap 对象。之所以用到 HashMap，是由于股票价格点同时包含了时间及价格。在自定义类还自定义了 setData()方法，该方法用于设置股票价格数据。在 onSizeChanged()方法中得到自定义控件的长度。最好在 onDraw()方法中绘制时间。

注意：在每个方法中都利用 Log 做了日志输出，当运行程序时可以更直观地看到程序运行的大致方法调用过程。

MainActivity.java 文件代码如下：

```
    public class MainActivity extends Activity {
        MyCustomView myCustomView;
        @Override
```

```java
protected void onCreate(Bundle savedInstanceState) {
    super.onCreate(savedInstanceState);
    setContentView(R.layout.activity_main);
    myCustomView=(MyCustomView) findViewById(R.id.my);
    Log.i("time", "此时调用了 Activity 的 onCreate()...");
    //给自定义 View 设置数据
    myCustomView.setData(getData());
}
@Override
protected void onStart() {
    Log.i("time", "此时调用了 Activity 的 onStart()...");
    super.onStart();
}
@Override
protected void onResume() {
    Log.i("time", "此时调用了 Activity 的 onResume()...");
    super.onResume();
}
//模拟的股票时刻点数据
private ArrayList<HashMap<String, String>> getData() {
    ArrayList<HashMap<String, String>> list=new ArrayList<HashMap<String,String>>();
    HashMap<String, String> map1=new HashMap<String, String>();
    map1.put("time", "9");
    map1.put("price", "2200");
    list.add(map1);
    HashMap<String, String> map2=new HashMap<String, String>();
    map2.put("time", "10");
    map2.put("price", "32200");
    list.add(map2);
    HashMap<String, String> map3=new HashMap<String, String>();
    map3.put("time", "11");
    map3.put("price", "5200");
    list.add(map3);
    HashMap<String, String> map4=new HashMap<String, String>();
    map4.put("time", "12");
    map4.put("price", "7200");
    list.add(map4);
    HashMap<String, String> map5=new HashMap<String, String>();
    map5.put("time", "2");
```

```
        map5.put("price", "6200");
        list.add(map5);
        return list;
    }
}
```

Activity_main.xml 代码如下：

```xml
<LinearLayout xmlns:android="http://schemas.android.com/apk/res/android"
    android:layout_width="fill_parent"
    android:layout_height="fill_parent"
    android:orientation="vertical">
    <TextView
        android:id="@+id/textView1"
        android:layout_width="wrap_content"
        android:layout_height="wrap_content"
        android:text="TextView" />
    <com.iboss.time.MyCustomView
        android:id="@+id/my"
        android:layout_width="wrap_content"
        android:layout_height="wrap_content" />
</LinearLayout>
```

运行结果，如图 9.8 所示。

图 9.8

如图 9.8 所示，在频幕的最下方显示了每个时间。我们观察程序代码，在 Activity 的 onCreate()方法中，当通过 MyCustomView 对象的 setData()方法 给自定义控制赋值时，并没有刷新 UI，那为什么还能顺利绘制呢？查看 LogCat 日志输出，见图 9.9。

I	03-12 15:10:26.034	11301	11301	com.iboss.time	time	此时调用了自定义控件的构造方法
I	03-12 15:10:26.044	11301	11301	com.iboss.time	time	此时调用了Activity的onCreate()...
I	03-12 15:10:26.044	11301	11301	com.iboss.time	time	此时调用了Activity的onStart()...
I	03-12 15:10:26.054	11301	11301	com.iboss.time	time	此时调用了Activity的onResume()...
I	03-12 15:10:26.275	11301	11301	com.iboss.time	time	此时调用了自定义控件的onSizeChanged()...
I	03-12 15:10:26.564	11301	11301	com.iboss.time	time	此时调用了自定义控件的onDraw()...

图 9.9

在 Logcat 输出中，我们可以看到，当 Activity 调用 setContentView(int layout)方法后，调用了控件的构造方法，此时并没有绘制各个控件，在调用 Activity 的生命周期方法 onStart()、onResume()后才调用控件的 onSizeChanged()方法 得到控件的宽高，然后调用 onDraw()。这也就解释了上述代码中，在 onCreate()方法中给自定义赋值并没有刷新 UI，为什么还能正常显示数据，是因为 onDraw()方法调用是在 oncreate 方法之后。

2．实时股价-价格界面

在上一节中，实现了时间的绘制。接下来，完善实时股价的绘制以及连线。为了达到此目的，我们需要知道股价最大值，只有根据股价的最大值，才能得到每一时间点股价与最大值的比例，从而计算出该点在自定义 View 中的位置，所以首先我们需要计算出这些时刻点的最大股价。

```
//根据观察，股票趋势图包含时间、价格，故采用 HashMap 保存时间及价格，同时把每一个股
票价格采集点保存到 ArrayList 中
private ArrayList<HashMap<String, String>> lists=null;
int viewWidth,viewHeight;
int maxPrice;//最高股价
public MyCustomView(Context context, AttributeSet attrs) {
    super(context, attrs);
    Log.i("time", "此时调用了自定义控件的构造方法");
}
public void setData(ArrayList<HashMap<String, String>> lists){
    //给自定义控制增加数据
    this.lists=lists;
    //计算机最高股价
    for(int i=0;i<lists.size();i++){
        //得到当前集合中第 i 个数据的股价
        int
        curPrice=Integer.parseInt(lists.get(i).get("price"));
        if(curPrice>maxPrice){
            maxPrice=curPrice;
        }
    }
}
```

在上面代码中，加粗部分为计算机最高股价代码。定义了一个 maxPrice 属性，从 lists 得到股价的最大值。

```
@Override
    protected void onDraw(Canvas canvas) {
        Log.i("time", "此时调用了自定义控件的 onDraw()...");
        //得到画笔对象
        Paint paint=new Paint();
        //设置字体大小
        paint.setTextSize(20);
        //设置画笔颜色
        paint.setColor(Color.BLACK);
        //绘制股票价格显示区域
        canvas.drawRect(0, 0, viewWidth, viewHeight, paint);
        //修改画笔颜色
        paint.setColor(Color.RED);
        //在这里绘制时间
        //根据数据的长度决定需要绘制多少个时间点
        //设置每个时间的间距,viewWidth-20 是为了保证最后一个时间能够在屏幕上显示出来
        int xGap=(viewWidth-40)/(lists.size()-1);
        for(int i=0;i<lists.size();i++){
            //得到时间点
            String time=lists.get(i).get("time");
            //绘制时间,根据 list 的存放顺序来得到第 i 个时间的位置
            canvas.drawText(time, i*xGap, viewHeight, paint);
//---------------绘制价格------------------------
            //得到当前时间点的价格
            int currentPrice=Integer.parseInt(lists.get(i).get("price"));
            //将当前时刻与这段时间内最大价格做比值乘以控件的最高值就是该时刻点的
            //Y 轴坐标
        int currentHeight=currentPrice*viewHeight/maxPrice;
            //由于手机原点坐标在左上角，与股市趋势图的原点相反，需要做进一步处理，
             //用控件高度减去当前股价即可
            int currentTPriceTop=viewHeight-currentHeight;
            //加上插值，显示最高股价
            currentTPriceTop=currentTPriceTop+20;
            //绘制每个时刻股票价格
            canvas.drawText(currentPrice+"", i*xGap, currentTPriceTop, paint);
            //计算绘制的价格文字的中心位置长度
```

```
        int wordWidth=(int) paint.measureText(currentPrice+"")/2;


    //--------------绘制股票价格连线----------------------
        if(i<lists.size()-1){
            //计算连线的开始 X 坐标
            int startX=xGap*i+wordWidth;
            //计算连线的开始 Y 坐标
            int startY=currentTPriceTop;
            //计算连线的终点 X 坐标
            int stopX=(i+1)*xGap+wordWidth;
            //计算绘制的线的终点坐标,先计算出第 i+1 个点的价格
            int nextPrice=Integer.parseInt(lists.get(i+1).get("price"));
            int nextCurrentHeight=nextPrice*viewHeight/maxPrice;
            int nextCurrentPriceTop=viewHeight-nextCurrentHeight;
            nextCurrentPriceTop+=20;
            //计算连线的终点 Y 坐标
            int stopY=nextCurrentPriceTop;
            canvas.drawLine(startX, startY, stopX, stopY, paint);
        }
    }
}
```

运行程序，结果如图 9.10 所示。

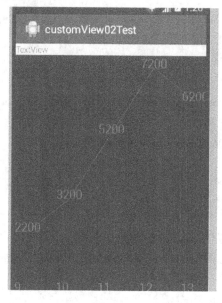

图 9.10

3. 实时股价-动态展示界面

如图 9.10 所示，股票的时间点、价格、连线都已经连接起来了。如何让数据动态的显示，是我们接下来的任务。在上面的代码中，数据来源于 MainActivity 的 onCreate()方法，固定的数据，我们需要动态显示它。此处用到的是 Random 对象。在 getDate()中修改代码如下：

```java
//模拟的股票时刻点数据
private ArrayList<HashMap<String, String>> getData() {
    //随机数对象;
    Random random=new Random();
    ArrayList<HashMap<String, String>> list=new ArrayList<HashMap<String,String>>();
    HashMap<String, String> map1=new HashMap<String, String>();
    map1.put("time", "9");
    map1.put("price", random.nextInt(7000)+"");
    list.add(map1);
    HashMap<String, String> map2=new HashMap<String, String>();
    map2.put("time", "10");
    map2.put("price", random.nextInt(7000)+"");
    list.add(map2);
    HashMap<String, String> map3=new HashMap<String, String>();
    map3.put("time", "11");
    map3.put("price", random.nextInt(7000)+"");
    list.add(map3);
    HashMap<String, String> map4=new HashMap<String, String>();
    map4.put("time", "12");
    map4.put("price", random.nextInt(7000)+"");
    list.add(map4);
    HashMap<String, String> map5=new HashMap<String, String>();
    map5.put("time", "13");
    map5.put("price", random.nextInt(7000)+"");
    list.add(map5);
    return list;
}
```

通过调用 Random 对象的 nextInt(n)对象，来产生一个大于等于 0 小于 n 的随机数，这样就实现了动态数据。在真实的项目中，用到的是网络数据。数据已经改变，如何在 MyCustomView 中显示呢？代码如下：

```java
MyCustomView myCustomView;
//消息处理对象
Handler handler=new Handler();
```

```java
@Override
protected void onCreate(Bundle savedInstanceState) {
    super.onCreate(savedInstanceState);
    Log.i("time", "此时调用了 Activity 的 setContentView()...");
    setContentView(R.layout.activity_main);
    myCustomView=(MyCustomView) findViewById(R.id.my);
    Log.i("time", "此时调用了 Activity 的 onCreate()...");
    //给自定义 view 设置数据

myCustomView.setData(getData());
    handler.post(new Runnable() {
        @Override
        public void run() {
            try {
                //加载数据
                myCustomView.setData(getData());
                //刷新 UI
                myCustomView.invalidate();
                //定时 1 秒钟后，再次开启此线程
                handler.postDelayed(this,1000);
            } catch (Exception e) {
                // TODO: handle exception
            }
        }
    }
```

运行程序，出现动态的实时股市图，如图 9.11 所示。

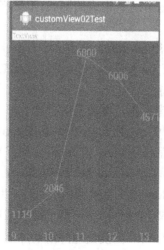

图 9.11

9.4.2　继承 ViewGroup

这种方法主要用于实现自定义的布局，即除了 LinearLayout、RelativeLayout 等几种系统的布局之外，我们重新定义一种新的布局，当某种效果看起来很像几种 View 组合在一起的时候，可以采用这种方式来实现。采用这种方式稍微复杂一些，需要合适地处理ViewGroup 的测量，布局这两个过程，并同时处理子元素的测量和布局。

9.4.3　继承特定的 View

这种方法比较常见，一般用于扩展某种已有的 View 的功能，比如 TextView。这种方式比较容易实现，不需要自己支持 wrap_content 和 padding 等。

9.4.4　继承特定的 ViewGroup

这种方式效果看起来很像几种 View 组合在一起。采用这种方法不需要自己处理ViewGroup 的测量和布局。

9.4.5　自定义 View 须知

本节将介绍自定义 View 过程中的一些注意事项，这些问题如果处理不好，有些会影响View 的正常使用，而有些则会导致内存泄露等。具体的注意事项如下所示。

1．让 View 支持 wrap_content

这是因为直接继承 View 或者 ViewGroup 的控件，如果不在 onMeasure 中对 wrap_content 做特殊处理，那么当外界在布局中使用 wrap_content 时就无法达到预期的效果。

2．如果有必要，让你的 View 支持 padding

这是因为直接继承 View 的控件，如果不在 draw 方法中处理 padding，那么 padding 属性是无法起作用的。另外，直接继承自 ViewGroup 的控件需要在 onMeasure 和 onLayout 中考虑 padding 和子元素的 margin 对其造成的影响，不然将导致 padding 和子元素的 margin 失效。

3．尽量不要在 View 中使用 Handler

View 内部本身提供了 post 系列方法，完全可以替代 Handler 的作用，当然除非你很明确地要使用 Handler 来发送消息。

4．View 中如果有线程或者动画，需要及时停止

如果有线程或者动画需要停止，那么 onDetachedFromWindow 是一个很好的时机。当包含 View 的 Activity 退出或者当前 View 被 remove 时，View 的 onDetachedFromWindow 方法会被调用，和此方法对应的是 onAttachedToWindow，当包含此 View 的 Activity 启动时，View 的 onAttachedToWindow 方法会被调用。同时，当 View 变得不可见时我们也需要停止线程和动画，如果不及时处理这种问题，有可能会造成内存泄露。

5．View 带有滑动嵌套情形时，需要处理好滑动冲突

如果有滑动冲突的话，那么应合理地处理滑动冲突，否则将会严重影响 View 的效果。

第10章 习惯记录系统

习惯记录系统是一款记录"办公室习惯"的 APP，通过它可以记录一些办公室习惯。习惯记录系统可以通过一个标题、日期、照片等来记录一条习惯，也可以从联系人中标记某个有坏习惯的朋友或者通过邮件给朋友发送建议。通过这些习惯记录让自己养成良好的习惯从而更好地进入工作状态。

习惯记录将会穿插在各个知识点章节中讲述，这样能更好地学习相关知识。

10.1 Fragment 在项目中的使用

10.1.1 Fragment 介绍

Fragment 是 Android3.0 引入的新 API，它代表了 Activity 的子模块，它必须被"嵌入" Activity 中使用，因此虽然 Fragment 拥有自己的生命周期，但 Fragment 的生命周期会受到它所在的 Activity 的生命周期控制。例如，当 Activity 暂停时，该 Activity 内的所有 Fragment 都会暂停；当 Activity 被销毁时，该 Activity 内的所有 Fragment 都会被销毁。只有当该 Activity 处于活动状态时，程序员才可独立地操作 Fragment。

关于 Fragment，可以归纳如下几个特征：

➤ 作为 Activity 界面的组成部分。Fragment 可调用 getActivity()方法获取它所在的 Activity，Activity 可调用 FragmentManager 的 findFragmentById()或 findFragmentByTag() 方法来获取 Fragment。

➤ 在 Activity 运行过程中，可调用 FragmentManager 的 add()、remove()、replace()方法动态地添加、删除或替换 Fragment。

➤ 一个 Activity 可以同时组合多个 Fragment；反过来，一个 Fragment 也可以被多个 Activity 复用。

Fragment 可以响应自己的输入时间，并拥有自己的生命周期，但它们的生命周期被其所属的 Activity 的生命周期控制。Android3.0 引入 Fragment 的初衷是为了适应大屏幕的平板电脑，由于平板电脑的屏幕更大，因此可以容纳更多的 UI 组件，且这些 UI 组件之间存在交互关系。Fragment 简化了大屏幕 UI 的设计，开发者使用 Fragment 对 UI 组件进行分组和模块化管理，可以更方便地在运行过程中动态更新 Activity 的用户界面。

10.1.2 Fragment 的生命周期

与 Activity 类似，Fragment 也存在四种生命周期状态。

➢ 活动状态：当前 Fragment 位于前台，用户可见，可以获得焦点。

➢ 暂停状态：其他 Activity 位于前台，该 Fragment 依然可见，只是不能获得焦点。

➢ 停止状态：该 Fragment 不可见，失去焦点。

➢ 销毁状态：该 Fragment 被完全删除，或该 Fragment 所在的 Activity 被结束。

图 10.1 显示了 Fragment 生命周期及相关回调方法。从图 10.1 可以看出，在 Fragment 生命周期中，以下方法会被回调。

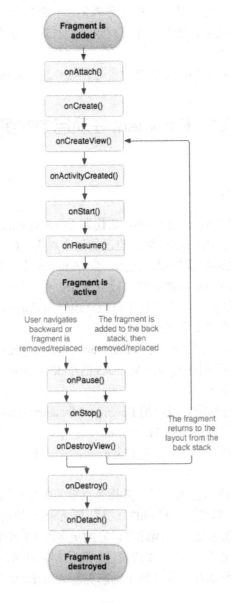

图 10.1

- ➤ onAttach()：当该 Fragment 被添加到 Activity 时被回调，该方法只会被调用一次。
- ➤ onCreate(Bundle savedStatus)：创建 Fragment 时被回调，该方法只会被调用一次。
- ➤ onCreateView()：每次创建，绘制 Fragment 的 View 组件时回调该方法，Fragment 将会显示该方法返回的组件。
- ➤ onActvityCreate()：当 Fragment 所在的 Activity 被启动完成后回调该方法。
- ➤ onStart()：启动 Fragment 时被回调。
- ➤ onResume()：恢复 Fragment 时被回调，Fragment 在 onStart()方法后一定会回调 onResume()方法。
- ➤ onPause：暂停 Fragment 时被回调。
- ➤ onStop()：停止 Fragment 时被回调。
- ➤ onDestroyView()：销毁该 Fragment 所包含的 View 组件时调用。
- ➤ onDestroy()：销毁 Fragment 时被回调，只调用一次。
- ➤ onDetach()：将 Fragment 从 Activity 中删除，后回调该方法，该方法只会被调用一次。

开发 Activity 时可以根据需要选择性地覆盖指定方法，开发 Fragment 时也可根据需要选择性地覆盖指定方法，其中最常见的就是覆盖 onCreateView()方法，该方法返回的 View 将由 Fragment 显示出来。

10.1.3　习惯记录系统创建

APP 中需要一个 Activity 来管理一个 CrimeFragment，用来显示习惯列表。这个 Activity 名为 CrimeActivity ，同时创建一个习惯类，用于表示每个习惯，习惯流程图如图 10.2 所示。

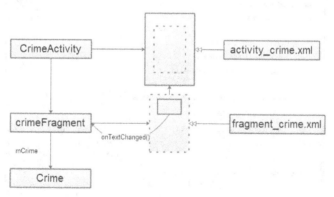

图 10.2

在图 10.3 中将展示该 APP 的对象图标，以及第一个版本所需要用到的相关类。

在图 10.3 中有三个类展示出来，我们将完成：Crime、CrimeFragment、CrimeActivity。

(1) 一个 Crime 对象将表示一个办公室习惯。在这一节中，一个习惯仅仅包含一个标题和一个 id。标题是习惯的描述性内容，比如"某人偷了我的笔"，"谁垃圾没丢"。id 标记一个独特的 Crime 实例。

(2) CrimeFragment：有一个成员变量 (mCrime)；界面由一个 LinearLayout 和一个 EditText 组成；CrimeFragment 包含一个 EditExt 的成员变量(mTitleField)，同时为它设置了监听器由于监听内容的改变。

(3) CrimeActivity 的界面由 FrameLayout 组成，在 FrameLayout 区域显示 Fragment 的内容。

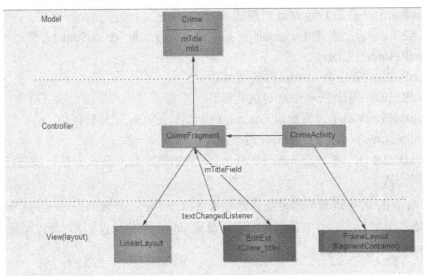

图 10.3

创建一个新的 Android 项目，项目名字为 CriminalIntent，包名为 com.alex.criminalIntent，最低版本选择 API14，编译版本默认选择最高编译版本，如图 10.4 所示。

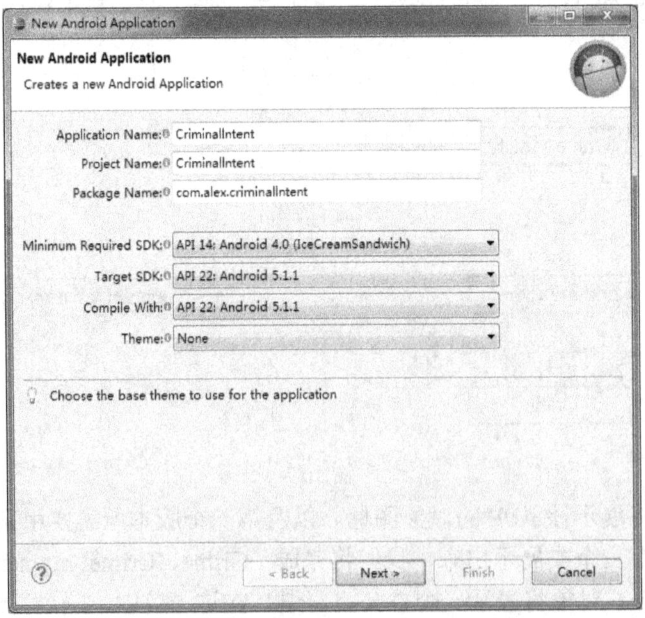

图 10.4

点击 Next，创建 CrimeActivity，最后点击完成，如图 10.5 所示。

图 10.5

10.1.4　Fragment 与支持包

Fragment 是从 API11 开始引进的，也就是说在 API11 之前是不支持 Fragment 的。如果需要在 API11 之前的版本使用 Fragment 就需要使用支持包。

支持包中包含了 Fragment 的完整实现，可以便于我们在 API4 以上的版本中使用 Fragment。所以在这本书中，我们将使用支持包中的 Fragment 而不是系统自带的 Fragment。使用支持包的优点除了兼顾旧版本之外，当新的特性添加到 Fragment API 后，支持包还能够被快速地更新。

在支持包中有两个非常重要的类：Fragment(android.support.v4.app.Fragment) 和 FragmentActivity(android.support.v4.app.FragmentActivity)。使用 Fragment 时需要 Activity 知道如何管理 Fragment，而 FragmentActivity 就是用于管理支持包中的 Fragment 的。

由于项目创建时会自动包含 V4 支持包，因此可以直接使用支持包中的 Fragment。

在项目 package explorer 视图中，打开 CrimeActivity.java，改变 CrimeActivity 的继承类为 FragmentActivity。代码如下：

```
public class CrimeActivity extends FragmentActivity {
    @Override
    protected void onCreate(Bundle savedInstanceState) {
        super.onCreate(savedInstanceState);
        setContentView(R.layout.activity_crime);
    }
}
```

现在创建 Model 层的实体类 Crime，选择包名，单击右键创建类 Crime。

在 Crime.java 中，添加如下代码：

```java
public class Crime {
    public UUID getmId() {
        return mId;
    }
    public void setmId(UUID mId) {
        this.mId = mId;
    }
    public String getmTitle() {
        return mTitle;
    }
    public void setmTitle(String mTitle) {
        this.mTitle = mTitle;
    }
    private UUID mId;
    private String mTitle;
    public Crime(){
        mId=UUID.randomUUID();
    }
}
```

上述代码是在 model 层中需要添加的内容。现在开始创建一个用于管理 Fragment 的 Activity。

10.1.5　Fragment 的应用

接下来我们从以下几个方面讲述 Fragment 的应用。

1．代管 Fragment

使用 Activity 管理一个 UI Fragment 时需要注意以下两点：

(1) 在 Activity 的布局文件中给 Fragment 指定一个区域显示。

(2) 管理 Fragment 实例的生命周期。

2．两种方式代管 Fragment

(1) 在 Activity 的布局文件中增加 Fragment。

(2) 在 Activity 的代码中添加 Fragment。

第一种方式在布局文件中添加 Fragment，这种方式非常简单但不够灵活，如果在布局文件中添加 Fragment，那么在 Activity 的生命周期内不能替换其他 Fragment。

第二种方式则相对灵活。你可以控制什么时候添加到 Activity，什么时候移除，什么时候替换。

为了使 UI 更加灵活，最好在代码中添加 Fragment。接下来，我们将使用这种方式在 CrimeActivity 中代管 CrimeFragment。

3. 定义一个 container View

首先在 Activity 的代码中添加一个 Fragment，但是在这之前必须在 Activity 的 View 层级树中为 Fragment 指定一块显示区域。CrimeActivity 的布局文件如下所示：

```
<FrameLayout xmlns:android="http://schemas.android.com/apk/res/android"
xmlns:tools="http://schemas.android.com/tools"
    android:id="@+id/fragment_container"
    android:layout_width="match_parent"
    android:layout_height="match_parent"
>
</FrameLayout>
```

至此，我们可以通过代码把 Fragment 插入到这个 FrameLayout 中，但在此之前，需要创建一个 Fragment。

4. 创建 Fragment

创建 Fragment 的步骤与创建 Activity 的步骤相似，具体如下：

(1) 通过布局文件创建用户界面。

(2) 创建一个类，同时将布局文件绑定为它的 View。

(3) 在代码中获得布局文件中的控件进行操作。

5. 定义 CrimeFragment 的布局

Crime 实例的消息将通过 CrimeFragment 展示出来，包括文字、图片等等。但在本节，我们先将文本类型显示出来即可。在 Fragment 的布局文件中，我们只需要一个 EditText 控件。EditText 是一个用户可以增加和编辑文本的控件。Fragment_xml 布局文件代码如下：

```
<?xml version="1.0" encoding="utf-8"?>
<LinearLayout xmlns:android="http://schemas.android.com/apk/res/android"
    android:layout_width="match_parent"
    android:layout_height="match_parent"
    android:orientation="vertical">
    <EditText
     android:id="@+id/crime_title"
     android:hint="@string/crime_title_hint"
     android:layout_width="match_parent"
        android:layout_height="wrap_content">
    </EditText>
</LinearLayout>
```

打开 res/values/strings.xml，增加一个 crime_title_hint 字符串资源。

```
<?xml version="1.0" encoding="utf-8"?>
<resources>
<string name="app_name">CriminalIntent</string>
<string name="hello_world">Hello world!</string>
<string name="crime_title_hint">Enter a title for the crime</string>
</resources>
```

6. 创建 CrimeFragment

在项目中创建 CrimeFragment，使之继承 Fragment 类，需要注意的是，Fragment 有两个不同包名的 Fragment 类，一个为 Fragment(android.app)，一个为 Fragment(android.support.v4.app)。前者是一个由 Android 自带的 Fragment，需要的是支持包版本的 Fragment，所以选择 android.support.v4.app 版本的 Fragment。代码如下所示：

```
import android.support.v4.app.Fragment;
public class CrimeFragment extends Fragment {

}
```

7. 实现 Fragment 生命周期方法

CrimeFragment 是模型与视图交互的控制器。该类的主要工作是显示习惯详情以及更新。这些控制内容主要在生命周期方法中实现，这些生命周期方法与 Activity 类似，比如 OnCreate(Bundle)方法。

在 CrimeFragment.java 中增加 Crime 成员对象和一个继承的 onCreate()方法，代码如下所示：

```
public class CrimeFragment extends Fragment {
    private Crime   mCrime;
    @Override
    public void onCreate(Bundle savedInstanceState) {
        super.onCreate(savedInstanceState);
        mCrime=new Crime();
    }
}
```

需要注意的是：

(1) Fragment 的 onCreate(Bundle)方法是 public 修饰的方法，而 Activity 的 onCreate(Bundle)方法是 protected 修饰，这是因为 Fragment 的生命周期方法会被代管的 Activity 所调用。

(2) Fragment 与 Activity 一样也可以通过 Bundle 对象保存获取状态。

在 CrimeFragment.java 中增加继承生命周期方法 onCreateView()来加载布局文件。代码如下：

```
@Override
public View onCreateView(LayoutInflater inflater, ViewGroup container, Bundle
savedInstanceState) {
//通过布局加载器加载布局
View view=inflater.inflate(R.layout.fragment_crime, container, false);
mTitileField=(EditText) view.findViewById(R.id.crime_title);
mTitileField.addTextChangedListener(new TextWatcher() {
@Override
public void onTextChanged(CharSequence s, int start, int before, int count) { }
@Override
public void beforeTextChanged(CharSequence s, int start, int count, int after) { }
@Override
public void afterTextChanged(Editable s) {
        }
    });
    return view;
}
```

通过 onCreateView 方法加载布局文件并且把布局文件中的布局加载到托管的 Activity 中。

在 onCreateView 方法中，可以通过 LayoutInflater.inflate()传入布局文件 id 来加载布局，此方法的第二个参数是界面的父控件，第三个参数是告诉布局加载器是否把加载的布局添加到界面的父控件中去，一般选择 false，因为在 Activity 的代码中增加了布局界面。

在上述代码中，给 EditText 增加了一个监听器，创建了实现 TextWatcher 的匿名内部类。TextWatcher 有三个需要实现的方法，我们只需要关注 onTextChanged()方法即可。

在 onTextChanged()方法中，获得用户的输入，将它作为 Crime 的标题。

至此，CrimeFragment 的代码已经完成，但是代码并不能在程序中显示出来，因为 CrimeFragment 没有将它的界面显示到屏幕上，需要将 CrimeFragment 添加到 CrimeActivity 中去。

FragmentManager 可以处理两个事情：Fragment 集合和 Fragment 事务的回退栈。在本案例中，只需要关注 Fragment 集合。在 CrimeActivity.java 中增加以下代码：

```
public class CrimeActivity extends FragmentActivity {
    FragmentManager fm;
    @Override
    protected void onCreate(Bundle savedInstanceState) {
    super.onCreate(savedInstanceState);
    setContentView(R.layout.activity_crime);
    fm=getSupportFragmentManager();
    }
}
```

此处，添加了 V4 支持包的 FragmentManager，如果添加时无法找到此类，请检测支持包是否添加成功。当然如果不需要兼容低版本，也可以通过 getFragmentManager()得到自带的 FragmentManager。

8. Fragment Transactions

通过 FragmentManager 可以将 Fragment 添加进去并管理此 Fragment。

```
FragmentManager fm;
Fragment fragment;
@Override
protected void onCreate(Bundle savedInstanceState) {
    super.onCreate(savedInstanceState);
    setContentView(R.layout.activity_crime);
    fm=getSupportFragmentManager();
    fragment=fm.findFragmentById(R.id.fragment_container);
    if(fragment==null){
        fragment=new CrimeFragment();
        fm.beginTransaction().
        add(R.id.fragment_container，  fragment).
        commit();
    }
}
```

在上述代码中，fm.beginTransaction()方法创建并且返回一个 FragmentTransaction 实例，该实例在配置 FragmentTransaction 时使用流接口返回 FragmentTransaction 而不是返回 void，这样在配置 FragmentTransaction 时可以连着一起写然后再提交。

Add()方法是 FragmentTransaction 事务管理方法之一。它有两个参数：容器 id 和需要管理的 Fragment。在本案例中是 R.id.fragment_container 以及 CrimeFragment。

带有 id 的容器空间主要有两个目的：

(1) 通知 FragmentManager 代管的 Fragment 出现在 Activity 界面的哪个区域。

(2) 在 FragmentManager 的集合中作为 Fragment 的独一无二的标识符用于区分。

当需要从 FragmentManager 中得到 CrimeFragment 时，可以通过容器 id 得到。

```
fm=getSupportFragmentManager();
    fragment=fm.findFragmentById(R.id.fragment_container);
if(fragment==null){
        fragment=new CrimeFragment();
        fm.beginTransaction().
        add(R.id.fragment_container，  fragment).
        commit();
    }
```

通过 FragmentManager 的 findFragmentById() 方法得到 Fragment。如果在 FragmentManager 中没有 Fragment，则创建一个新的；有则直接返回该对象。

至此，运行程序，结果如图 10.6 所示。

图 10.6

10.2　控件交互在项目中的使用

在本节中，将通过"习惯记录"学习布局与控件的交互。

10.2.1　更新 Crime

在 Eclipse 中打开 Crime.java 类，增加两个属性 mDate 和 mSolved，mDate 表示习惯发生的时间，而 mSolved 表示习惯是否已经解决。在 Crime.java 中增加代码如下所示：

```
private Date mDate;
private boolean mSolved;
public Crime(){
    mId=UUID.randomUUID();
    mDate=new Date();
}
```

在 Eclipse 中 Date 类自动导包时注意需要导入 java.util.Date，否则将会报错。在 Crime 的构造方法中得到 mDate 对象，接下来对 mDate、mSolve 进行封装，添加 get、set 方法。在 Crime 中增加代码如下所示：

```java
public Date getmDate() {
    return mDate;
}
public void setmDate(Date mDate) {
    this.mDate = mDate;
}
public boolean ismSolved() {
    return mSolved;
}
public void setmSolved(boolean mSolved) {
    this.mSolved = mSolved;
}
```

接下来在布局文件 fragment_crime.xml 中更新新的控件，然后在 CrimeFragment.java 中更新代码得到这些控件。

10.2.2　更新布局文件

更新布局文件的代码如下所示：

```xml
<?xml version="1.0" encoding="utf-8"?>
<LinearLayout xmlns:android="http://schemas.android.com/apk/res/android"
    android:layout_width="match_parent"
    android:layout_height="match_parent"
    android:orientation="vertical">
<TextView
    style="?android:listSeparatorTextViewStyle"
    android:layout_width="match_parent"
    android:layout_height="wrap_content"
    android:text="@string/crime_title_label" />
<EditText
    android:id="@+id/crime_title"
    android:layout_width="match_parent"
    android:layout_height="wrap_content"         android:hint="@string/crime_title_hint">
</EditText>
<TextView
    style="?android:listSeparatorTextViewStyle"
    android:layout_width="match_parent"
```

```
        android:layout_height="wrap_content"     android:text="@string/crime_details_label" />
    <Button
        android:id="@+id/crime_date"
        android:layout_width="match_parent"
        android:layout_height="wrap_content"
        android:layout_marginLeft="16dp"
        android:layout_marginRight="16dp" />
    <CheckBox
        android:id="@+id/crime_solved"
        android:layout_width="match_parent"
        android:layout_height="wrap_content"
        android:layout_marginLeft="16dp"
        android:layout_marginRight="16dp"
        android:text="@string/crime_solved_label" />
</LinearLayout>
```

注意，上面的 Button 没有给该控件初始化文字。这个按钮的功能是展示习惯发生日期，将在代码中初始化文字。

在上述代码中又用到一些字符串资源，字符串代码修改如下：

```
<?xml version="1.0" encoding="utf-8"?>
<resources>
<string name="app_name">CriminalIntent</string>
<string name="hello_world">Hello world!</string>
<string name="crime_title_hint">Enter a title for the crime</string>
<string name="crime_details_label">Details</string>
<string name="crime_title_label">Title</string>
<string name="crime_solved_label">Solved</string>
</resources>
```

10.2.3 连接控件

在 CrimeFragment.java 中更新代码，对布局代码更新的控件进行连接，增加两个成员变量代码如下：

```
private Crime    mCrime;
private EditText mTitileField;
private Button mDateButton;
private CheckBox mSolvedCheckBox;
```

接下来，在 onCreateView()方法中得到布局文件的 button 实例，再让 button 按钮显示日期。在 onCreateView 方法中增加以下代码：

```
mDateButton=(Button) view.findViewById(R.id.crime_date);

mDateButton.setText(mCrime.getmDate().toString());

mDateButton.setEnabled(false);

mSolvedCheckBox=(CheckBox)view.findViewById(R.id.crime_solved);

mSolvedCheckBox.setOnCheckedChangeListener(new OnCheckedChangeListener() {
        @Override
public void onCheckedChanged(CompoundButton buttonView，    boolean isChecked) {
        mCrime.setmSolved(isChecked);
    }
   });
    return view;
```

在上述代码中，增加了对 CheckBox 的事件监听以及相应的处理。自此，布局文件的更新已经完成。

10.3　RecyclerView 在项目中的使用

在本节中，我们将更新习惯记录列表。这个列表将展示每一个习惯的标题、时间以及是否已经解决。展示习惯列表需要在应用的控制层(Controller)更新 Activity 和 Fragment，在模型层(Model)也增加新的实体类 CrimeLab，在此实体类中将保存 Crime 对象集合。在 View 层，将使用一个新的控件 RecyclerView，通过此控件展示习惯列表，如图 10.7 所示。

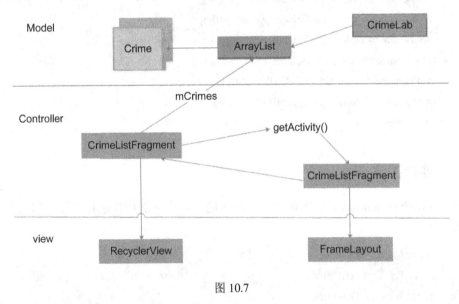

图 10.7

10.3.1　更新应用 Model 层

更新该应用的 Model 层就是将单个 Crime 对象更新为 Crime 对象列表。在这里将通过单例来存储 Crime 列表。单例类是指该类只能被创建一次。

当需要创建单例时，该类的构造方法必须为私有的，同时提供静态的 get()方法。如果实例已经存在，通过 get()方法得到该对象；如果实例不存在，get()方法将调用构造器创建一个实例。代码如下：

```
public class CrimeLab {
    private static CrimeLab sCrimeLab;
    private CrimeLab(Context context){
    }
    public static CrimeLab get(Context context){
        if(sCrimeLab==null){
            sCrimeLab=new CrimeLab(context);
        }
        return sCrimeLab;
    }
}
```

在 CrimeLab 类中，定义了一个静态的成员变量 sCrimeLab，同时构造方法也适用，当其他类需要 CrimeLab 时，只需要调用静态方法 get()就可以得到实例对象。

接下来给 CrimeLab 添加一些 Crime 对象用于存储。在 CrimeLab 的构造方法中，创建一个空的 Crimes 集合，同时增加两个方法：getCrimes()和 getCrime(UUID)，前者返回一个 Crime 集合，后者返回一个 Crime 对象。代码如下所示：

```
private List<Crime> mCrimes;
private CrimeLab(Context context){
    mCrimes=new ArrayList<>();
}
public List<Crime> getCrimes(){
    return mCrimes;
}
public Crime getCrime(UUID id){

    for(Crime crime:mCrimes){
        if(crime.getmId().equals(id)){
            return crime;
        }
    }
    return null;
}
```

List<E>是一个有序对象集合接口，它定义了一系列的包括获取、插入、删除集合元素的方法。实现类中用的比较多的是 ArrayList。在 mCrimes 中就使用了 ArrayList 类，不过引用的是 List，而实现对象则是 ArrayList。这就是 Java 泛型常见的父类引用指向子类对象。

接下来，给 mCrimes 的集合增加数据，在构造方法中增加如下代码：

```
private CrimeLab(Context context){
        mCrimes=new ArrayList<>();
        for(int i=0;i<100;i++){
            Crime crime=new Crime();
            crime.setmTitle("Crime #"+i);
            crime.setmSolved(i%2==0);
            mCrimes.add(crime);
        }
    }
```

在上述代码中，使用 for 循环创建了 100 个 Crime 对象，并将它们添加到集合中，这样就为集合初始化数据。

1. 使用一个抽象 Activity 代管 Fragment

在这一部分，我们将创建 CrimeListActivity 类来代管 CrimeListFragment。第一步需要为 CrimeListActivity 创建界面布局。在前面的 CrimeActivity 中，我们使用 activity_crime.xml 作为布局文件，这个布局文件将 FrameLayout 作为容器。但是 activity_crime.xml 仅仅提供了一个容器，没有其他控件，可以将它作为一个通用的 Fragment 的布局文件，将此文件重命名为 activity_fragment.xml。这样当 Activity 仅作为 Fragment 的代管者时，都可以使用该布局文件。记得在之前的 CrimeActivity.java 的 onCreate()方法中修改 setContentView() 参数。

2. 创建抽象类

在创建 CrimeListActivity 时，可以重用前面 CrimeActivity 的代码。我们注意到，在 CrimeActivity 的代码中，当需要代管一个 Fragment 时，唯一不同的是 Fragement 对象的不同。为了避免代码重复，我们可以定义一个抽象类。

在应用中创建一个抽象类 SingleFragmentActivity，同时继承 FragmentActivity。代码如下所示：

```
public abstract class SingleFragmentActivity extends FragmentActivity{
protected abstract Fragment createFragment();
@Override
protected void onCreate(Bundle arg0) {

super.onCreate(arg0);
setContentView(R.layout.activity_fragment);
FragmentManager fm=getSupportFragmentManager();
Fragment fragment=fm.findFragmentById(R.id.fragment_container);
if(fragment==null){
fragment=createFragment();
fm.beginTransaction().
```

```
dd(R.id.fragment_container，fragment).commit();
            }
        }
    }
```

在上述代码中，通过一个抽象方法得到 Fragment 对象，这样其子类只需要实现该抽象方法就能得到 Fragment 对象。

3．使用抽象类

现在改变前面所写的 CrimeActivity 类，将 CrimeActivity 的父类改变为 SingleFragment-Activity，删除其实现的 onCreate()方法，同时实现父类的 SingleFragmentActivity 的 createFragment()方法。代码始下：

```java
public class CrimeActivity extends SingleFragmentActivity {
FragmentManager fm;
Fragment fragment;
protected void onCreate(Bundle savedInstanceState) {
    super.onCreate(savedInstanceState);
    setContentView(R.layout.activity_fragment);
    fm=getSupportFragmentManager();fragment=fm.findFragmentById(R.id.fragment_container);
        if(fragment==null){
            fragment=new CrimeFragment();
            fm.beginTransaction().
            add(R.id.fragment_container，  fragment).
            commit();
        }
    }
    @Override
    protected Fragment createFragment() {
        return new CrimeFragment();
    }
}
```

4．创建新的控制器

创建新的控制器类 CrimeListActivity 和 CrimeListFragment，并实现其父类的方法。代码如下：

```java
public class CrimeListActivity    extends SingleFragmentActivity{
    @Override
    protected Fragment createFragment() {
        return new CrimeListFragment();
    }
}
```

CrimeListFragment 继承了支持包的 Fragment，暂时无方法。代码如下：

```
public class CrimeListFragment extends Fragment {
    //Nothing
}
```

5. 注册 CrimeListActivity

CrimeListActivity 通过代码继承 SingleFragmentActivity 之后，需要在清单文件中注册该 Activity，注册代码如下所示：

```
<activity android:name=".SingleFragmentActivity">
<intent-filter>
<action android:name="android.intent.action.MAIN" />
<category android:name="android.intent.category.LAUNCHER" />
</intent-filter>
</activity>
```

在上述注册文件中，将 CrimeListActivity 作为其登录界面，只需要在其注册文件中增加上述代码中的<intent-filter>即可。

10.3.2 RecyclerView、Adapter 和 ViewHolder

本小节主要介绍使用 CrimeListFragment 来呈现用户的习惯列表。

RecyclerView 是 ViewGroup 的子类，通过它可以展示一系列的 View 对象。根据需要，这些子类条目界面可以复杂也可以很简单。

首先我们将通过 RecyclerView 展示一个很简单的 item：只显示每一个 Crime 的 title。在前文中我们在 CrimeLab 中初始化了 100 个 Crime 对象，那么在 RecyclerView 中是否也要创建 100 个 item 界面呢，答案是否定的。也就是在 RecyclerView 中只需创建一个屏幕所需要的 item 对象。当 view 移动到下面时，RecyclerView 将重用前面已创建的 item 对象而不用重新再创建。

1. ViewHolder Android Adapter

RecyclerView 的功能是回收 TextView 以及将它们部署到屏幕上。此处需要用到两个类：一个 Adapter 的子类以及一个 ViewHolder 的子类。

相比而言，ViewHolder 的工作量更小，所以先讲述 ViewHolder 的功能。ViewHolder 做的主要事情如图 10.8 所示。

在 ListView 中，在其适配器的 getView 方法中，ListView 需要展示多少个 item 就需要创建多少个 item 的 View 对象；而在 RecyclerView 中，RecyclerView 并不直接创建 View 对象，而是通过创建 RecyclerView 对象，通过 RecyclerView 对象对 View 的引用来减少内存中对象个数以及访问布局文件的次数。

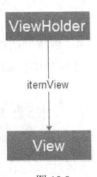

图 10.8

2. Adapter

Adapter 是一个控制器类，它是 RecyclerView 和数据之间的桥梁，通过 Adapter 将数据显示到 RecyclerView 界面中。

RecyclerView 的适配器主要负责：

- 创建需要的 ViewHolder。
- 将 model 的数据绑定到 ViewHolder 中。

创建 RecyclerView 的适配器需要继承 RecyclerView.Adapter，通过此适配器将把 CrimeLab 中的 Crime 集合显示到 RecyclerView 上。

当 RecyclerView 需要展示一个 View 对象时，它将与 Adapter 联系。图 10.9 列出了 RecyclerView 与 Adpter 的联系调用关系。

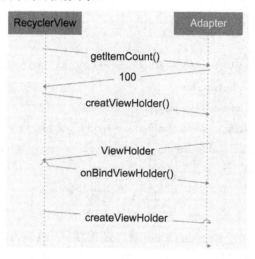

图 10.9

首先，RecyclerView 调用 Adapter 的 getItemCount()方法来知晓有多少个 item。

接下来，RecyclerView 得到 item 的数目后，调用 Adapter 的 createViewHolder (ViewGroup，int)方法来创建新的 ViewHolder。

最后，RecyclerView 调用 onBindViewHolder(ViewHolder，int)。在这里 RecyclerView 将传递第二步创建的 ViewHolder 对象。Adapter 将检查 model 层的数据并将数据绑定到 ViewHolder 的控件上。

当上述步骤完成后，RecyclerView 将在屏幕上展示 item。需要注意的是，CreateViewHolder()的调用次数少于 onBindViewHolder()方法，一旦一定数目的 ViewHolder 创建后，RecyclerView 会停止调用 createViewHolder()。

10.3.3 使用 RecyclerView

RecyclerView 是 Android 支持库中的一个类，故使用 RecyclerView 的第一步就是导入对应的支持库。在 SDK 的文件目录中找到 extras 文件夹，找到 v7 包中对应的 android-support-v7-recyclerview.jar 文件并将其导入到项目中即可。

在 res/layout 目录下，创建 fragment_crime_list 布局文件，同时修改其根容器为 RecyclerView，代码如下：

```
<android.support.v7.widget.RecyclerView
    xmlns:android="http://schemas.android.com/apk/res/android"
    android:layout_width="match_parent"
    android:id="@+id/crime_recycle_view"
    android:layout_height="match_parent"
    android:orientation="vertical" />
```

同时在 CrimeListFragment 中做以下修改：

```
public class CrimeListFragment extends Fragment {
private RecyclerView mRecyclerView;
@Override
public View onCreateView(LayoutInflater inflater,  ViewGroup container,
        Bundle savedInstanceState) {
View view=inflater.inflate(R.layout.fragment_crime_list,  container);
mRecyclerView=(RecyclerView)view.findViewById(R.id.crime_recycle_view);
mRecyclerView.setLayoutManager(new LinearLayoutManager(getContext()));
        return view;
    }
}
```

需要注意的是，当创建 RecyclerView 时，还需要一个 LayoutManager 对象。在前文中提到，RecyclerView 可循环利用每个 item 中的控件并在屏幕上显示它们。但是 RecyclerView 并不是自己给这些显示的控件定位，而是委托给了一个 LayoutManager 类，通过这个类来帮助 RecyclerView 实现定位。如果 RecyclerView 中没有 LayoutManager 类，那么程序将会崩溃。在该项目中仅仅需要展示一个 TextView，因此选择 LinearLayoutManager 即可。如果 item 很复杂，可以选择其他 LayoutManager 类。运行程序时可以看到一个空白的界面，接下来，进一步完善程序。

1. 实现 Adapter 和 ViewHolder

在 CrimeListFragment 中定义一个集成 ViewHolder 的内部类。代码如下：

```
private class CrimeHolder extends RecyclerView.ViewHolder{
    public TextView mTitleTextView;
    public CrimeHolder(View arg0) {
        super(arg0);
        mTitleTextView=(TextView) arg0;
    }
}
```

在 ViewHolder 中维持了一个引用——标题的 TextView，同时将从父类继承来的参数强转成 TextView。

在 CrimeListFragment 内创建 RecyclerView.Adapter 的继承类 CrimeAdapter，代码如下：

```
private class CrimeAdapter extends RecyclerView.Adapter<CrimeHolder>{
private List<Crime> mCrimes;
public CrimeAdapter(List<Crime> mCrimes){
        this.mCrimes=mCrimes;
    }
    @Override
public int getItemCount() {
        return mCrimes.size();
    }
    @Override
public void onBindViewHolder(CrimeHolder arg0，  int arg1) {
        Crime crime=mCrimes.get(arg1);
        arg0.mTitleTextView.setText(crime.getmTitle());
    }
    @Override
public CrimeHolder onCreateViewHolder(ViewGroup arg0，  int arg1) {
LayoutInflaterlayoutInflater=LayoutInflater.from(getActivity());
View view=layoutInflater.inflate(android.R.layout.simple_list_item_1，  arg0，false);
        return new CrimeHolder(view);
    }
    }
```

上述代码中有几处需要理解：

getItemCount：该方法用于计算 RecyclerView 总共需要展示多少 item。

onCreateViewHolder：当 RecyclerView 需要新的 View 展示 item 时该方法被调用。在这个方法里面，你可以获得一个 View(通过 inflater 方法)，并将其传递给一个 ViewHolder。从 CrimeHolder 的构造方法中可以看出，构造参数就是一个 View，在 onCreateViewHolder 方法中得到 View，通过该 View 创建 ViewHolder 对象。当前只需要展示一个 TextView，故使用了系统自带的布局：simple_list_item_1，这个系统布局只包含一个 TextView。

onBindViewHolder：当通过 onCreateViewHolder 得到 ViewHolder 对象后，此对象将作为一个参数和数据的索引值传递给 onBindViewHolder，在此方法中完成数据更新。

Adapter 创建完成之后，只需要将该 Adapter 传递给 RecylerView 即可。在 CrimeListFragment 中增加 updateUI()方法，并添加到 onCreateView 方法中的代码如下：

```
public View onCreateView(LayoutInflater inflater，  ViewGroup container,
    Bundle savedInstanceState) {
        ...
        updateUI();
        return view;
    }
    private void updateUI() {
```

```
        CrimeLab crimeLab=CrimeLab.get(getActivity());
        List<Crime> crimes=crimeLab.getCrimes();
        CrimeAdapter adapter=new CrimeAdapter(crimes);
        mRecyclerView.setAdapter(adapter);
    }
```

运行程序，将看到图 10.10 所示界面。

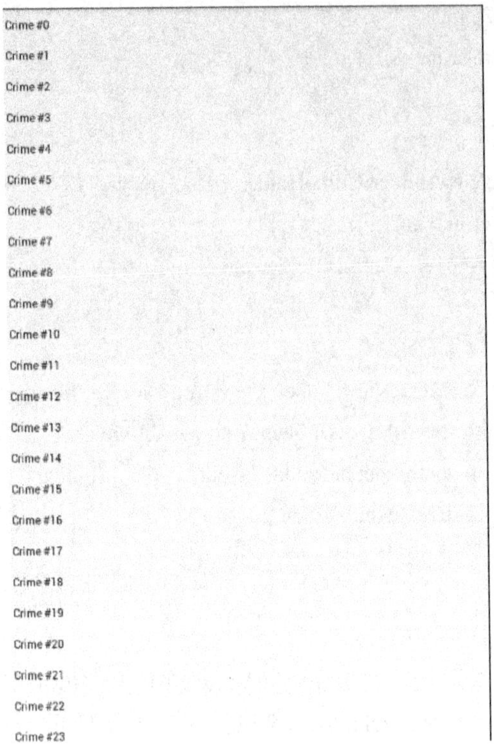

图 10.10

2．定制 item

从图 10.10 可见，使用系统布局只是简单地展示一个 TextView，在实际的开发过程中，往往遇到的布局都很复杂，需要定制。下面的主要工作是根据需要设计复杂的 item。

1）创建item布局文件

在 res/layout 文件夹下创建 list_item_crime 布局文件。代码如下所示：

```xml
<?xml version="1.0" encoding="utf-8"?>
<RelativeLayout xmlns:android="http://schemas.android.com/apk/res/android"
    android:layout_width="match_parent"
    android:layout_height="match_parent">
    <CheckBox
        android:id="@+id/list_item_crime_solved_check_box"
        android:layout_width="wrap_content"
        android:layout_height="wrap_content"
```

```
                android:layout_alignParentRight="true"
                android:layout_alignParentTop="true"
                android:layout_marginTop="15dp"
                android:padding="4dp"
                android:text="CheckBox" />
        <TextView
                android:id="@+id/list_item_crime_title_text_view"
                android:padding="4dp"android:layout_toLeftOf="@+id/list_item_crime_solved_check_box"
                android:layout_width="match_parent"
                android:layout_height="wrap_content"
                android:layout_alignTop="@+id/checkBox1"
                android:text="标题" />
        <TextView
                android:layout_toLeftOf="@+id/list_item_crime_solved_check_box"
                android:id="@+id/list_item_crime_date_text_view"
                android:layout_width="match_parent"
                android:layout_height="wrap_content"
                android:layout_alignParentLeft="true"
                android:layout_below="@+id/list_item_crime_title_text_view"
                android:text="时间" />
    </RelativeLayout>
```

在上述布局文件中，根据需要定义了一个 Checkbox，两个 TextView。

2）使用自定义item

现在，使用新的 item 布局文件更新 CrimeAdapter。修改 CrimeListFragment.java 的代码如下：

```
    @Override
    public CrimeHolder onCreateViewHolder(ViewGroup arg0,  int arg1) {
    LayoutInflater layoutInflater=LayoutInflater.from(getActivity());
    View view=layoutInflater.inflate(android.R.layout.simple_list_item_1,  arg0, false);
    View view=layoutInflater.inflate(R.layout.list_item_crime,  arg0, false);
        return new CrimeHolder(view);
    }
```

修改 CrimeHolder 中的代码：

```
    private class CrimeHolder extends RecyclerView.ViewHolder{
        private TextView mTitleTextView;
        private TextView mDateTextView;
        private CheckBox mSolvedCheckBox;
        public CrimeHolder(View arg0) {
            super(arg0);
```

```
mTitleTextView=(TextView) arg0;
mTitleTextView=(TextView)arg0.findViewById(R.id.list_item_crime_date_text_view);
mDateTextView=(TextView)arg0.findViewById(R.id.list_item_crime_date_text_view);
mSolvedCheckBox=(CheckBox)arg0.findViewById(R.id.list_item_crime_solved_check_box);
}}
```

在 CrimeHolder 类增加 bindCrime(Crime crime)方法，该方法的主要功能是为了封装数据更新。代码如下：

```
private Crime mCrime;
public void bindCrime(Crime crime){
    mCrime=crime;
    mTitleTextView.setText(mCrime.getmTitle());
    mDateTextView.setText(mCrime.getmDate().toString());
        mSolvedCheckBox.setChecked(mCrime.ismSolved());
    }
```

在 bindCrime 方法中，传递 Crime 对象，从而更新界面。在 CrimeAdapter 中更新代码如下(CrimeAdapter)：

```
@Override
public void onBindViewHolder(CrimeHolder arg0,    int arg1) {
        Crime crime=mCrimes.get(arg1);
        arg0.mTitleTextView.setText(crime.getmTitle());
        arg0.bindCrime(crime);
    }
```

修改完毕后，运行程序获得图 10.11 所示界面。

图 10.11

在 API 5.0 之前，使用的更多的是 ListView、GridView 以及 Adapter。与 RecyclerView 相比，没有强制性的使用 ViewHolder，但是在处理多个 item 时，必须使用 RecyclerView。

RecyclerView 的另外一个优点在于动画。在 ListView、GridView 中添加或删除 item 时使用动画会很麻烦，但是使用 RecyclerView 则比较简单。

RecyclerView 与 ListView、GridView 不同的是没有 onItemClick 事件，需要自己写相应的点击、长按等事件。一种是直接在 Adapter 中对 View 写点击事件，一种是利用接口响应点击事件。在 CrimeFragment.java 中增加以下代码：

```
@Override
public void onBindViewHolder(CrimeHolder arg0,  int arg1) {
        Crime crime=mCrimes.get(arg1);
        final int position=arg1;
        arg0.itemView.setOnClickListener(new OnClickListener() {
            @Override
            public void onClick(View v) {
            Intent intent=CrimeActivity.newIntent(getActivity(),  mCrimes.get(position).getmId());
                startActivity(intent);
            }
        });
        arg0.bindCrime(crime);
    }
```

将 CrimeActivity 的代码修改如下：createFragment 不再使用构造方法创建 CrimeFragment，同时增加新的 Intent()方法，通过该方法返回一个 intent 对象。修改后的代码如下：

```
public class CrimeActivity extends SingleFragmentActivity {
    @Override
    protected Fragment createFragment() {
        UUID crimeId=(UUID) getIntent().getSerializableExtra("crime_id");
        return CrimeFragment.newInstance(crimeId);
    }

public static Intent newIntent(Context packageContext，UUID crimeId){
        Intent intent=new Intent(packageContext，CrimeActivity.class);
        intent.putExtra("crime_id",  crimeId);
        return intent;
    }
```

需要注意的是，设置参数时，需要在创建 Fragment 后、管理 Activity 前进行。设置后在 CrimeFragment 的 onCreate()方法中得到设置的参数即可得到相应的 Crime 对象，从而在 CrimeFratment 中显示出来。CrimeFragment 的完整代码如下：

```java
public class CrimeFragment extends Fragment {
    private Crime   mCrime;
    private EditText mTitileField;
    private Button mDateButton;
    private CheckBox mSolvedCheckBox;
    private static final String ARG_CRIME_ID="crime_id";

    public static CrimeFragment newInstance(UUID crimeId){
        Bundle args=new Bundle();
        args.putSerializable(ARG_CRIME_ID，  crimeId);
        CrimeFragment fragment=new CrimeFragment();
        fragment.setArguments(args);
        return fragment;
    }
    @Override
    public void onCreate(Bundle savedInstanceState) {
        super.onCreate(savedInstanceState);
        UUID crimeId=(UUID) getArguments().get("crime_id");
        mCrime=CrimeLab.get(getActivity()).getCrime(crimeId);
    }
    @Override
    public View onCreateView(LayoutInflater inflater，   ViewGroup container,
            Bundle savedInstanceState) {
        //通过布局加载器加载布局
        View view=inflater.inflate(R.layout.fragment_crime， container，  false);
        mTitileField=(EditText) view.findViewById(R.id.crime_title);
        mTitileField.addTextChangedListener(new TextWatcher() {
            @Override
            public void onTextChanged(CharSequence s，  int start，  int before，  int count) {
            }
            @Override
            public void beforeTextChanged(CharSequence s，  int start，   int count,
                    int after) {
            }
            @Override
            public void afterTextChanged(Editable s) {
            }
        });
```

```
mTitileField.setText(mCrime.getmTitle());

mDateButton=(Button) view.findViewById(R.id.crime_date);

mDateButton.setText(mCrime.getmDate().toString());

mDateButton.setEnabled(false);


mSolvedCheckBox=(CheckBox) view.findViewById(R.id.crime_solved);

mSolvedCheckBox.setChecked(mCrime.ismSolved());

mSolvedCheckBox.setOnCheckedChangeListener(new OnCheckedChangeListener() {


    @Override
    public void onCheckedChanged(CompoundButton buttonView，boolean isChecked) {
        mCrime.setmSolved(isChecked);
    }
});
    return view;

    }

}
```

运行程序可得图 10.12 所示界面。

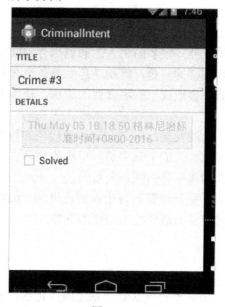

图 10.12

至此，本案例告一段落。在本案例中主要需要了解 Fragment、RecycerView 两个控件，这两个控件将在以后实际开发工程中大量使用。

第 11 章　电话管理系统

在本章中，将结合 CSS 和 JavaScript 技术，开发一个在 Android 平台运行的电话管理系统。

11.1　需求分析

本项目使用 "HTML5+JQuery Mobile+phoneGap" 技术实现一个经典的电话管理工具，实现对设备内联系人信息的管理，包括添加新信息、删除信息、快速搜索信息、修改信息、更新信息等功能。在本节的内容中，将对本项目进行必要的需求分析。

11.1.1　产生背景

随着网络和信息技术的发展，很多陌生人之间也都有了或多或少的联系。如何更好地管理这些信息是每个人必须面临的问题，特别是那些很久没有联系的朋友，再次见面无法马上回忆这个人的信息，势必会造成一些不必要的尴尬。基于上述种种原因，开发一套通讯录管理系统很重要。

另外，随着移动设备平台的发展，以 Android 为代表的智能手机系统已经普及到普通消费者。智能手机设备已经成为人们生活中必不可少的物品。在这种背景下，手机通讯录变得愈发重要，已经成为人们离不开的联系人系统。

本系统的主要目的是为了更好地管理每个人的通讯录，给每个人提供一个并然有序的管理平台，防止因手工管理混乱而造成的不必要的麻烦。

11.1.2　功能分析

通过市场调查可知，一个完整的电话管理系统应该包括：添加模块，主窗口模块，信息查询模块，信息修改模块，系统管理模块。本系统主要实现设备内联系人信息的管理，包括添加、修改、查询和删除。

1. 系统管理模块

用户通过此模块来管理设备内的联系人信息，在屏幕下方提供实现系统管理的 5 个按钮。

◇ 搜索：单击此按钮后能够快速搜索设备内的联系人信息。

✧ 添加：单击此按钮后能够向设备内添加新的联系人信息。

✧ 修改：单击此按钮后能够修改设备内已经存在的某条联系人信息。

✧ 删除：单击此按钮后能够删除设备内已经存在的某条联系人信息。

✧ 更新：单击此按钮后能够更新设备的所有联系人信息。

2．系统主界面

✧ 查询：单击此按钮后能够来到系统搜索界面，快速搜索设备内的联系人信息。

✧ 管理：单击此按钮后能够来到系统管理模块的主界面。

✧ 信息添加模块：通过此模块能够向设备添加新的联系人。

✧ 信息修改模块：通过此模块能够修改已经存在的联系人信息。

✧ 信息删除模块：通过此模块能够删除已经存在的联系人信息。

✧ 信息查询模块：通过此模块能够查询已经存在的联系人信息。

11.2　系 统 创 建

本系统的创建步骤如下：

（1）启动 Eclipse，依次选中 File->New->other 选项，然后在树形结构中找到 Android，单击 Android Application Project。

（2）填写包名、项目名、工程名，选择最低版本、目标版本，按流程点击 next，最终点击 finish 完成项目创建。

（3）修改文件 MainActivity.java，为此文件添加 HTML 文件的代码，主要代码如下：

```java
public class MainActivity extends DroidGap {
    @Override
    public void onCreate(Bundle savedInstanceState) {
        super.onCreate(savedInstanceState);
        super.loadUrl("file:///android_asset/www/main.html");
    }
}
```

11.3　系统主界面实现

在本系统中，系统的主要实现文件是 main.html，主要实现代码如下：

```html
<!DOCTYPE html >
<html>
<head>
    <meta http-equiv="Content-Type" content="text/html; charset=UTF-8">
    <meta name="viewport" content="width=device-width, initial-scale=1" />
```

```html
<link rel="stylesheet"    href="./css/jquery.mobile-1.2.0.css" />
<style>
            /* App custom styles */
</style>
<script src="./js/jquery.js"></script>
<script src="./js/jquery.mobile-1.2.0.js"></script>
<script src="./cordova-2.1.0.js"></script>


</head>
<body>
    <!-- Home -->
    <div data-role="page" id="page1" style="background-image: url(./img/bg.gif);">
    <div data-theme="e" data-role="header">
    <h2>电话本管理中心</h2>
    </div>
    <div data-role="content" style="padding-top:200px;">
    <a data-role="button" data-theme="e" href="./select.html" id="chaxun"
            data-icon="search" data-iconpos="left" data-transition="flip">查询</a>
    <a data-role="button" data-theme="e" href="./set.html" id="guanli"
            data-icon="gear" data-iconpos="left"> 管理 </a>
    </div>
    <div data-theme="e" data-role="footer" data-position="fixed">
    <span class="ui-title">免费组织制作 v1.0</span>
    </div>


    <script type="text/javascript">
                //App custom javascript
            sessionStorage.setItem("uid","");

            $('#page1').bind('pageshow',function(){
            $.mobile.page.prototype.options.domCache = false;


            });
            // 等待加载 PhoneGap
            document.addEventListener("deviceready", onDeviceReady, false);


            // PhoneGap 加载完毕
            function onDeviceReady() {
    var db = window.openDatabase("Database", "1.0", "PhoneGap myuser", 200000);
```

```
        db.transaction(populateDB, errorCB);
        }
        // 填充数据库
    function populateDB(tx) {
        tx.executeSql('CREATE TABLE IF NOT EXISTS `myuser` (`user_id` integer primary
key autoincrement ,`user_name` VARCHAR( 25 ) NOT NULL ,`user_phone` varchar( 15 ) NOT
NULL ,`user_qq` varchar( 15 ) ,`user_email` VARCHAR( 50 ),`user_bz` TEXT)');

        }

        // 事务执行出错后调用的回调函数
    function errorCB(tx, err) {
        alert("Error processing SQL: "+err);
    }

    </script>
    </div>
    </body>
</html>
```

运行程序，效果如图 11.1 所示。

图 11.1

11.4 信息查询模块实现

信息查询模块的功能是快速搜索设备内需要查询的联系人信息。单击主界面查询按钮
会跳转到图 11.2 所示查询界面。

图 11.2

在查询界面上的表单中可以输入搜索关键字，然后单击"查询"按钮，会在下方显示搜索结果。信息查询模块的实现文件是 select.html，主要实现代码如下：

```
<script src="./js/jquery.js"></script>
    <script src="./js/jquery.mobile-1.2.0.js"></script>
    <!-- <script src="./cordova-2.1.0.js"></script> -->
</head>
<body>
<body>
    <!-- Home -->
    <div data-role="page" id="page1">
    <div data-theme="e" data-role="header">
    <a data-role="button" href="./main.html" data-icon="back"
            data-iconpos="left" class="ui-btn-left">返回</a>
    <a data-role="button" href="./main.html" data-icon="home"
            data-iconpos="right" class="ui-btn-right">首页</a>
    <h3> 查询</h3>
    <div >
        <fieldset data-role="controlgroup" data-mini="true">
        <input name=""id="searchinput6" placeholder="输入联系人姓名" value="" type="search" />
            </fieldset>
    </div>
    <div>
        <input type="submit" id="search"    data-theme="e" data-icon="search"
```

```
        data-iconpos="left" value="查询" data-mini="true" />
        </div>
</div>
<div data-role="content">
        <div class="ui-grid-b" id="contents">
                </div >


</div>
<script>
        //App custom javascript
        var u_name="";
        <!-- 查询全部联系人    -->
        // 等待加载 PhoneGap
        document.addEventListener("deviceready", onDeviceReady, false);
        // PhoneGap 加载完毕
            function onDeviceReady() {
    var db = window.openDatabase("Database", "1.0", "PhoneGap myuser", 200000);
    db.transaction(queryDB, errorCB);//调用 queryDB 查询方法，以及 errorCB 错误回调方法
            }
        // 查询数据库
        function queryDB(tx) {
        tx.executeSql('SELECT * FROM myuser', [], querySuccess, errorCB);
        }
        //查询成功后调用的回调函数
        function querySuccess(tx, results) {
            var len = results.rows.length;
            var str="<div class='ui-block-a' style='width:90px;'>姓名</div><div
                class='ui-block-b'>电话</div><div class='ui-block-c'>拨号</div>";
            console.log("myuser table: " + len + " rows found.");
            for (var i=0; i<len; i++){
                //写入到 logcat 文件
        str +="<div class='ui-block-a' style='width:90px;'>"+results.rows.item(i).user_name
            +"</div><div class='ui-block-b'>"+results.rows.item(i).user_phone
            +"</div><div class='ui-block-c'><a href='tel:"+results.rows.item(i).user_phone
            +"'  data-role='button' class='ui-btn-right' >拨打  </a></div>";
            }
            $("#contents").html(str);
        }
        // 事务执行出错后调用的回调函数
```

```
function errorCB(err) {
    console.log("Error processing SQL: "+err.code);
}


<!-- 查询一条数据  -->
$("#search").click(function(){
    var searchinput6 = $("#searchinput6").val();
    u_name = searchinput6;
    var db = window.openDatabase("Database", "1.0", "PhoneGap myuser", 200000);
db.transaction(queryDBbyone, errorCB);
});


function queryDBbyone(tx){
    tx.executeSql("SELECT * FROM myuser where user_name like '%"+u_name+"%'",
        [], querySuccess, errorCB);
    }
    </script>
</div>
</body>
</html>
```

11.5　系统管理模块实现

　　系统管理模块的功能是管理设备内联系人信息，单击主界面的管理按钮后跳转到系统管理界面，如图 11.3 所示。

图 11.3

在上图所示的界面中提供了实现系统管理的 5 个按钮，具体功能如下：

- 搜索：单击此按钮后能够快速搜索设备内联系人信息。
- 添加：单击此按钮能够添加联系人信息。
- 修改：单击此按钮能够修改电话联系人信息。
- 删除：单击此按钮能够删除联系人信息。
- 更新：单击此按钮后能够更新电话中所有联系人信息。

系统管理模块的实现文件是 set.html，主要实现代码如下所示：

```html
<html>
<head>
<meta http-equiv="Content-Type" content="text/html; charset=UTF-8">
<meta name="viewport" content="width=device-width, initial-scale=1" />
<title></title>
    <!-- <link rel="stylesheet"   href="./css/jquery.mobile-1.2.0.css" />     -->
    <!--  <script src="./js/jquery.js"></script>   -->
    <!--  <script src="./js/jquery.mobile-1.2.0.js"></script>-->
</head>
<body>
<!-- Home -->
<div data-role="page" id="set_1"   data-dom-cache="false">
<div data-theme="e" data-role="header">
<a data-role="button" href="main.html" data-icon="home" data-iconpos="right" class=
          "ui-btn-right"> 主页</a>
<h1>管理</h1>
<a data-role="button" href="main.html" data-icon="back" data-iconpos="left" class=
          "ui-btn-left">后退 </a>
<div >
<span id="test"></span>
<fieldset data-role="controlgroup" data-mini="true">
<input name="" id="searchinput1" placeholder="输入查询人的姓名" value="" type="search" />
</fieldset>
</div>
<div>
<input type="submit" id="search" data-inline="true" data-icon="search" data-iconpos="top" value=
      "搜索" />
<input type="submit" id="add" data-inline="true" data-icon="plus" data-iconpos="top"   value=
      "添加"/>
<input type="submit" id="modfiry"data-inline="true" data-icon="minus" data-iconpos="top" value=
      "修改" />
```

```
<input type="submit" id="delete" data-inline="true" data-icon="delete" data-iconpos="top" value=
    "删除" />
<input type="submit" id="refresh" data-inline="true" data-icon="refresh" data-iconpos="top" value=
    "更新" />
</div>
</div>
<div data-role="content">
<div class="ui-grid-b" id="contents">
        </div >
</div>
<script type="text/javascript">
                    $.mobile.page.prototype.options.domCache = false;
                    var u_name="";
                    var num="";
                    var strsql="";
<!-- 查询全部联系人   -->
// 等待加载 PhoneGap
document.addEventListener("deviceready", onDeviceReady, false);
// PhoneGap 加载完毕
        function onDeviceReady() {
var db = window.openDatabase("Database", "1.0", "PhoneGap myuser", 200000);
db.transaction(queryDB, errorCB);    //调用 queryDB 查询方法，以及 errorCB 错误回调方法
            }
        // 查询数据库
function queryDB(tx) {
    tx.executeSql('SELECT * FROM myuser', [], querySuccess, errorCB);
}
        // 查询成功后调用的回调函数
function querySuccess(tx, results) {
    var len = results.rows.length;
    var str="<div class='ui-block-a'>编号</div><div class='ui-block-b'>姓名</div><div
            class='ui-block-c'>电话</div>";
    //console.log("myuser table: " + len + " rows found.");
    for (var i=0; i<len; i++){
        //写入到 logcat 文件
        //console.log("Row = " + i + " ID = " + results.rows.item(i).user_id + " Data = "
                + results.rows.item(i).user_name);
        str +="<div class='ui-block-a'><input type='checkbox' class='idvalue' value="
            +results.rows.item(i).user_id+" /></div><div class='ui-block-b'>"
```

```
                        +results.rows.item(i).user_name
                        +"</div><div class='ui-block-c'>"+results.rows.item(i).user_phone+"</div>";
        }
        $("#contents").html(str);
    }
    // 事务执行出错后调用的回调函数
    function errorCB(err) {
        console.log("Error processing SQL: "+err.code);
    }


    <!-- 查询一条数据   -->
    $("#search").click(function(){
        var searchinput1 = $("#searchinput1").val();
        u_name = searchinput1;
        var db = window.openDatabase("Database", "1.0", "PhoneGap myuser", 200000);
    db.transaction(queryDBbyone, errorCB);
    });


    function queryDBbyone(tx){
        tx.executeSql("SELECT * FROM myuser where user_name like '%"+u_name+"%'", [],
        querySuccess, errorCB);
    }


    $("#delete").click(function(){
        var len = $("input:checked").length;
        for(var i=0;i<len;i++){
            num +=","+$("input:checked")[i].value;
        }
        num=num.substr(1);
        var db = window.openDatabase("Database", "1.0", "PhoneGap myuser", 200000);
    db.transaction(deleteDBbyid, errorCB);
    });


    function deleteDBbyid(tx){
        tx.executeSql("DELETE FROM `myuser` WHERE user_id in("+num+")", [], queryDB, \
        errorCB);
    }


        $("#add").click(function(){
```

```
            $.mobile.changePage ('add.html', 'fade', false, false);
        });
        $("#modfiry").click(function(){
            if($("input:checked").length==1){
                var userid=$("input:checked").val();
                sessionStorage.setItem("uid",userid);
                $.mobile.changePage ('modfiry.html', 'fade', false, false);
            }else{
                alert("请选择要修改的联系人，并且每次只能选择一位");
            }

        });


//============与手机联系人 同步数据
        $("#refresh").click(function(){
            // 从全部联系人中进行搜索
    var options = new ContactFindOptions();
    options.filter="";
    var filter = ["displayName","phoneNumbers"];
    options.multiple=true;
    navigator.contacts.find(filter, onTbSuccess, onError, options);
        });


        // onSuccess: 返回当前联系人结果集的快照
function onTbSuccess(contacts) {
    // 显示所有联系人的地址信息

    var str="<div class='ui-block-a'>编号</div><div class='ui-block-b'>姓名</div><div
        class='ui-block-c'>电话</div>";
    var phone;
    var db = window.openDatabase("Database", "1.0", "PhoneGap myuser", 200000);
    for (var i=0; i<contacts.length; i++){
        for(var j=0; j< contacts[i].phoneNumbers.length; j++){
            phone = contacts[i].phoneNumbers[j].value;
        }

        strsql +="INSERT INTO `myuser` (`user_name`,`user_phone`) VALUES
            ('"+contacts[i].displayName+"','"+phone+"');#";
    }
```

```
        db.transaction(addBD, errorCB);


    }
    // 更新插入数据
    function addBD(tx){


        strs=strsql.split("#");
        for(var i=0;i<strs.length;i++){
        tx.executeSql(strs[i], [], [], errorCB);
        }
            var db = window.openDatabase("Database", "1.0", "PhoneGap myuser", 200000);
            db.transaction(queryDB, errorCB);
            }
    // onError: 获取联系人结果集失败
    function onError() {
        console.log("Error processing SQL: "+err.code);
    }
    </script>
    </div>
    </body>
    </html>
```

11.6　信息添加模块实现

在系统管理模块中点击"添加按钮"则进入信息添加界面，如图 11.4 所示，通过此界面可以向设备中添加新的联系人信息。

图 11.4

信息添加模块的实现文件是 add.html，主要实现代码如下所示：

```html
<html>
<head>
<meta http-equiv="Content-Type" content="text/html; charset=UTF-8">
<title>Insert title here</title>
<script type="text/javascript" src="./js/jquery.js"></script>
</head>
<body>
<!-- Home -->
<div data-role="page" id="page1">
<div data-theme="e" data-role="header">
<a data-role="button"  id="tjlxr" data-theme="e" data-icon="info" data-iconpos=
    "right" class="ui-btn-right">保存</a>
<h3>添加联系人 </h3>
<a data-role="button"  id="czlxr" data-theme="e"  data-icon="refresh" data-iconpos=
    "left" class="ui-btn-left"> 重置</a>
</div>
<div data-role="content">
<form action="" data-theme="e">
<div data-role="fieldcontain">
<fieldset data-role="controlgroup" data-mini="true">
<label for="textinput1">姓名：<input name="" id="textinput1" placeholder="联系人姓名" value=""
    type="text" /></label>
</fieldset>
<fieldset data-role="controlgroup" data-mini="true">
<label for="textinput2">电话：  <input name="" id="textinput2" placeholder="联系人电话"
    value="" type="tel" /></label>
</fieldset>
<fieldset data-role="controlgroup" data-mini="true">
<label for="textinput3">QQ：  <input name="" id="textinput3" placeholder="" value="" type=
    "number" /></label>
</fieldset>
  <fieldset data-role="controlgroup" data-mini="true">
  <label for="textinput4">Emai:  <input name="" id="textinput4" placeholder="" value
    ="" type="email" /></label>
  </fieldset>
  <fieldset data-role="controlgroup">
  <label for="textarea1"> 备注： </label>
  <textarea name="" id="textarea1" placeholder="" data-mini="true"></textarea>
```

```
        </fieldset>
</div>
<div>
<a data-role="button"    id="back" data-theme="e">返回</a>
</div>
</form>


</div>
<script type="text/javascript">
        $.mobile.page.prototype.options.domCache = false;
     var textinput1 = "";
     var textinput2 = "";
     var textinput3 = "";
     var textinput4 = "";
     var textarea1   = "";
     $("#tjlxr").click(function(){


   textinput1 =    $("#textinput1").val();
   textinput2 =    $("#textinput2").val();
   textinput3 =    $("#textinput3").val();
   textinput4 =    $("#textinput4").val();
   textarea1   =     $("#textarea1").val();
  var db = window.openDatabase("Database", "1.0", "PhoneGap myuser", 200000);
  db.transaction(addBD, errorCB);
                });


                function addBD(tx){
   tx.executeSql("INSERT INTO `myuser` (`user_name`,`user_phone`,`user_qq`,`user_email`,
   `user_bz`) VALUES ('"+textinput1+"','"+textinput2+"','"+textinput3+"','"+textinput4+"',
   '"+textarea1+"')", [], successCB, errorCB);
                }


     $("#czlxr").click(function(){
     $("#textinput1").val("");
     $("#textinput2").val("");
     $("#textinput3").val("");
     $("#textinput4").val("");
     $("#textarea1").val("");
     });
```

```
            $("#back").click(function(){
    successCB();
            });
            // 等待加载 PhoneGap
            document.addEventListener("deviceready", onDeviceReady, false);


            // PhoneGap 加载完毕
            function onDeviceReady() {
var db = window.openDatabase("Database", "1.0", "PhoneGap myuser", 200000);
db.transaction(populateDB, errorCB);
            }
            // 填充数据库
    function populateDB(tx) {
        tx.executeSql('CREATE TABLE IF NOT EXISTS `myuser` (`user_id` integer primary key
autoincrement ,`user_name` VARCHAR( 25 ) NOT NULL ,`user_phone` varchar( 15 ) NOT
NULL ,`user_qq` varchar( 15 ) ,`user_email` VARCHAR( 50 ),`user_bz` TEXT)');

    }

    // 事务执行出错后调用的回调函数
    function errorCB(tx, err) {
        alert("Error processing SQL: "+err);
    }

    // 事务执行成功后调用的回调函数
    function successCB() {
        $.mobile.changePage ('set.html', 'fade', false, false);
    }
  </script>
  </div>
 </body>
</html>
```

11.7　信息修改模块实现

在系统管理界面中选择修改按钮后进入信息修改界面，通过此界面可以修改被选中的
联系人信息。

信息修改的实现文件是 modify.html，主要实现如下：

```html
<html>
<head>
<meta http-equiv="Content-Type" content="text/html; charset=UTF-8">
<title>Insert title here</title>
<script type="text/javascript" src="./js/jquery.js"></script>
</head>
<body>
<!-- Home -->
<div data-role="page" id="page1">
<div data-theme="e" data-role="header">
<a data-role="button"  id="tjlxr" data-theme="e" data-icon="info" data-iconpos="right"
          class="ui-btn-right">修改</a>
<h3>修改联系人 </h3>
<a data-role="button"  id="back" data-theme="e"  data-icon="refresh" data-iconpos="left"
          class="ui-btn-left"> 返回</a>
</div>
<div data-role="content">
<form action="" data-theme="e">
<div data-role="fieldcontain">
<fieldset data-role="controlgroup" data-mini="true">
<label for="textinput1">姓名： <input name="" id="textinput1" placeholder="联系人姓名"
    value="" type="text" /></label>
</fieldset>
<fieldset data-role="controlgroup" data-mini="true">
<label for="textinput2">电话：  <input name="" id="textinput2" placeholder="联系人电话"
    value="" type="tel" /></label>
</fieldset>
<fieldset data-role="controlgroup" data-mini="true">
<label for="textinput3">QQ： <input name="" id="textinput3" placeholder="" value="" type=
    "number" /></label>
</fieldset>
<fieldset data-role="controlgroup" data-mini="true">
<label for="textinput4">Emai： <input name="" id="textinput4" placeholder="" value="" type=
    "email" /></label>
</fieldset>
<fieldset data-role="controlgroup">
<label for="textarea1"> 备注： </label>
<textarea name="" id="textarea1" placeholder="" data-mini="true"></textarea>
</fieldset>
```

```
    </div>
    </form>


    </div>
    <script type="text/javascript">
        $.mobile.page.prototype.options.domCache = false;
        var textinput1 = "";
        var textinput2 = "";
        var textinput3 = "";
        var textinput4 = "";
        var textarea1   = "";
        var uid = sessionStorage.getItem("uid");
    //============================================================

    $("#tjlxr").click(function(){


    textinput1 =    $("#textinput1").val();
    textinput2 =    $("#textinput2").val();
    textinput3 =    $("#textinput3").val();
    textinput4 =    $("#textinput4").val();
    textarea1  =    $("#textarea1").val();
                    var db = window.openDatabase("Database", "1.0", "PhoneGap myuser", 200000);
    db.transaction(modfiyBD, errorCB);
                });


                function modfiyBD(tx){
//  alert("UPDATE `myuser`SET   `user_name`='"+textinput1+"', `user_phone`='"+textinput2+"',
`user_qq`='"+textinput3
        //      +"',`user_email`='"+textinput4+"',`user_bz`='"+textarea1+"' WHERE userid="+uid);
    tx.executeSql("UPDATE `myuser`SET  `user_name`='"+ textinput1+"', `user_phone`=
"+textinput2+", `user_qq`='"+textinput3
+"',`user_email`='"+textinput4+"',`user_bz`='"+textarea1+"' WHERE  user_id="+uid, [], successCB,
errorCB);
                }


    //============================================================
                $("#back").click(function(){
    successCB();
                });
```

```
                //====================================================

                document.addEventListener("deviceready", onDeviceReady, false);

                // PhoneGap 加载完毕
                function onDeviceReady() {
var db = window.openDatabase("Database", "1.0", "PhoneGap myuser", 200000);
db.transaction(selectDB, errorCB);
                }


    function selectDB(tx) {
        //alert("SELECT * FROM myuser where user_id="+uid);
        tx.executeSql("SELECT * FROM myuser where user_id="+uid, [], querySuccess, errorCB);
    }


    // 事务执行出错后调用的回调函数
    function errorCB(tx, err) {
        alert("Error processing SQL: "+err);
    }


    // 事务执行成功后调用的回调函数
    function successCB() {
        $.mobile.changePage ('set.html', 'fade', false, false);
    }
    function querySuccess(tx, results) {
    var len = results.rows.length;
    for (var i=0; i<len; i++){
        //写入到 logcat 文件
        //console.log("Row = " + i + " ID = " + results.rows.item(i).user_id + " Data =    " +
results.rows.item(i).user_name);
            $("#textinput1").val(results.rows.item(i).user_name);
            $("#textinput2").val(results.rows.item(i).user_phone);
            $("#textinput3").val(results.rows.item(i).user_qq);
            $("#textinput4").val(results.rows.item(i).user_email);
            $("#textarea1").val(results.rows.item(i).user_bz);
    }


    }
    </script>
```

```
        </div>
        </body>
        </html>
```

11.8   信息删除模块和更新模块实现

在管理主界面，选中某个联系人，单击删除按钮，则可以删除该联系人信息。信息删除模块的功能在文件 set.html 中实现，实现的代码如下：

```
function deleteDBbyid(tx){
        tx.executeSql("DELETE FROM `myuser` WHERE user_id in("+num+")", [], queryDB,
        errorCB);
    }
```

在管理模块主界面点击"更新"按钮则会更新整个设备内的联系人信息，信息更新模块的功能在文件 set.html 中实现，相关代码如下：

```
$("#refresh").click(function(){
    //从全部联系人中进行搜索
    var options = new ContactFindOptions();
    options.filter="";
    var filter = ["displayName","phoneNumbers"];
    options.multiple=true;
    navigator.contacts.find(filter, onTbSuccess, onError, options);
});
```

第 12 章　陌陌即时通信系统

在本章的内容中，将详细讲解在 Android 系统中开发一款仿陌陌系统的交友软件，为读者掌握 Android 应用开发的核心技术打下基础。

12.1　陌陌系统介绍

陌陌是一款基于地理位置的移动社交软件，可以通过陌陌认识周围的陌生人，查看对方的个人信息和位置，免费发送短信、语音、照片以及精准的地理位置。陌陌专注于移动互联网，专攻于移动社交，专注于社交模式并满足人们的社交愿望。公司于 2011 年 3 月份成立。

12.1.1　陌陌的发展现状

陌陌是陌陌科技开发者的首个基于 iPhone、Andorid 和 Windows Phone 的手机应用。有别于微信、微博、QQ、YY、MSN、群群、遇见等手机社交软件，通过陌陌可以提供真实的位置信息，解决了以往社交过于虚幻、缺乏真实的线下互动的问题。2011 年 8 月 3 号，陌陌 iOS 版本正式上线。

2013 年 4 月 24 日，在由艾瑞咨询举办的 2012～2013 中国移动互联网应用评比活动上，陌陌获得中国移动互联网应用年度最具创新力大奖。2013 年 4 月 15 日，陌陌 3.4 版本上线，新增附近群组搜索、创建好友多人对话、微博好友推荐功能。

2014 年 12 月 12 日，陌陌科技登录纳斯达克。

12.1.2　陌陌特点介绍

陌陌特点体现在如下几方面：

(1) 设计模式。根据 GPS 搜寻和定位身边的陌生人和群组，高效快捷地建立联系，节省沟通的距离和成本。

(2) 免费传递。可以方便地通过陌陌免费发送信息、语音、照片以及精确的地理位置，与他人进行各种互动。

(3) 递送提示。即时了解信息送达的状态，"送达"、"已读"等提示能让用户即时掌握信息是否被对方看到。

(4) 个人资料。可以在资料页存放多张照片，以及签名、职业、爱好等信息，以增进其他人对用户的了解。

(5) 场景表情。表情商店提供了丰富的表情，让聊天不再单调，更加的生动活泼，符合移动社交的聊天风格。

(6) 会员服务。可享受陌陌不断推出的各种增值以及专属服务，包括基础会员服务、上限提升服务、表情商店服务等。

(7) 隐私保护。可以随时把厌恶的人拉入黑名单，还可以对他人的不良行为进行举报，并且有多种隐身模式。

(8) 平台支持。全面支持多种 iOS 设备以及 Android2.3 及以上版本的手机，支持各种网络接入方式。

12.2　实现系统欢迎界面

运行陌陌系统后，将首先显示一个系统欢迎界面，以一幅图片作为背景，下方显示"注册"和"登录"，如图 12.1 所示。

图 12.1

在本节的内容中，将详细讲解系统欢迎界面的具体实现过程。

12.2.1　欢迎界面布局

本系统欢迎界面 Activity 的布局文件是 activity_welcome.xml，功能是通过 ImageView 控件显示背景图片，且在界面下方通过两个 Button 控件显示"注册"和"登录"按钮，具体实现代码如下所示：

```xml
<?xml version="1.0" encoding="utf-8"?>
<RelativeLayout xmlns:android="http://schemas.android.com/apk/res/android"
    android:layout_width="fill_parent"
    android:layout_height="fill_parent"
    android:background="@drawable/pic_index_background"
    android:orientation="vertical">
    <RelativeLayout
        android:layout_width="fill_parent"
        android:layout_height="wrap_content"
        android:layout_alignParentTop="true">
        <ImageView
            android:layout_width="wrap_content"
            android:layout_height="wrap_content"
            android:scaleType="center"
            android:src="@drawable/pic_index_logo" />

        <ImageView
            android:layout_width="wrap_content"
            android:layout_height="wrap_content"
            android:layout_alignParentRight="true"
            android:layout_alignParentTop="true"
            android:scaleType="center"
            android:visibility="gone" />
    </RelativeLayout>
    <ImageView
        android:layout_width="wrap_content"
        android:layout_height="wrap_content"
        android:layout_alignParentBottom="true"
        android:layout_centerHorizontal="true"
        android:scaleType="center"
        android:src="@drawable/pic_index_copyright" />
    <LinearLayout
        android:id="@+id/welcome_linear_ctrlbar"
        android:layout_width="fill_parent"
        android:layout_height="wrap_content"
        android:layout_alignParentBottom="true"
        android:background="@drawable/bg_welcome_ctrlbar"
        android:gravity="center_horizontal|bottom"
        android:orientation="vertical"
        android:paddingBottom="15dip"
```

```xml
                        android:paddingLeft="5dip"
                        android:paddingRight="5dip"
                        android:paddingTop="13dip">
                    <LinearLayout
                        android:id="@+id/welcome_linear_avatars"
                        android:layout_width="fill_parent"
                        android:layout_height="wrap_content"
                        android:gravity="center"
                        android:orientation="horizontal">
                        <include
                            android:id="@+id/welcome_include_member_avatar_block0"
                            android:layout_weight="1"
                            layout="@layout/include_welcome_item" />
                        <include
                            android:id="@+id/welcome_include_member_avatar_block1"
                            android:layout_weight="1"
                            layout="@layout/include_welcome_item" />

                        <include
                        android:id="@+id/welcome_include_member_avatar_block2"
                            android:layout_weight="1"
                            layout="@layout/include_welcome_item" />

                          <include
                            android:id="@+id/welcome_include_member_avatar_block3"
                            android:layout_weight="1"
                            layout="@layout/include_welcome_item" />

                        <include
                        android:id="@+id/welcome_include_member_avatar_block4"
                            android:layout_weight="1"
                            layout="@layout/include_welcome_item" />
                    <include
                    android:id="@+id/welcome_include_member_avatar_block5"
                      android:layout_weight="1"
                      layout="@layout/include_welcome_item" />
                </LinearLayout>
                <LinearLayout
                        android:layout_width="wrap_content"
                        android:layout_height="wrap_content"
```

```xml
        android:gravity="center"
        android:orientation="horizontal"
        android:visibility="invisible">
        <ImageView
            android:layout_width="wrap_content"
            android:layout_height="wrap_content"
            android:layout_gravity="center"
            android:src="@drawable/ic_index_totaluser" />
        <com.immomo.momo.android.view.HandyTextView
            android:id="@+id/welcome_htv_usercount"
            android:layout_width="wrap_content"
            android:layout_height="wrap_content"
            android:layout_gravity="bottom"
            android:layout_marginLeft="5dip"
            android:layout_marginRight="5dip"
            android:text="0"
            android:textColor="#FFFFFFFF"
            android:textSize="18sp" />
        <com.immomo.momo.android.view.HandyTextView
            android:layout_width="wrap_content"
            android:layout_height="wrap_content"
            android:layout_gravity="bottom"
            android:text="位用户在你身边"
            android:textColor="#FFFFFFFF"
            android:textSize="13sp"
            android:textStyle="bold" />
</LinearLayout>
<LinearLayout
        android:layout_width="wrap_content"
        android:layout_height="wrap_content"
        android:gravity="center"
        android:orientation="horizontal">
        <Button
            android:id="@+id/welcome_btn_register"
            android:layout_width="100dip"
            android:layout_height="40dip"
            android:layout_margin="5dip"
            android:background="@drawable/btn_default_blue"
            android:text="注册"
            android:textColor="#FFFFFFFF" />
```

```
        <Button
            android:id="@+id/welcome_btn_login"
            android:layout_width="100dip"
            android:layout_height="40dip"
            android:layout_margin="5dip"
            android:background="@drawable/btn_default_white"
            android:text="登录"
            android:textColor="#ff465579" />
        <ImageButton
            android:id="@+id/welcome_ibtn_about"
            android:layout_width="wrap_content"
            android:layout_height="40dip"
            android:layout_margin="5dip"
            android:layout_marginLeft="10dip"
            android:background="@drawable/btn_default_white"
            android:src="@drawable/ic_welcome_about_normal" />
        </LinearLayout>
    </LinearLayout>
</RelativeLayout>
```

12.2.2　欢迎界面 Activity

欢迎界面 Activity 的实现文件是 WelcomeActivity.java，功能是监听用户单击屏幕操作，根据用户的图标或者按钮跳转到注册界面或者帮助界面。文件 WelcomeActivity.java 的具体实现代码如下所示：

```
public class WelcomeActivity extends BaseActivity implements OnClickListener {
    private LinearLayout mLinearCtrlbar;
    private LinearLayout mLinearAvatars;
    private Button mBtnRegister;
    private Button mBtnLogin;
    private ImageButton mIbtnAbout;
    private View[] mMemberBlocks;
    //
    private String[] mAvatars = new String[] { "welcome_0", "welcome_1",
        "welcome_2", "welcome_3", "welcome_4", "welcome_5" };
    private String[] mDistances = new String[] { "0.84km", "1.02km", "1.34km",
        "1.88km", "2.50km", "2.78km" };
    @Override
    protected void onCreate(Bundle savedInstanceState) {
        // TODO Auto-generated method stub
```

```java
        super.onCreate(savedInstanceState);
        setContentView(R.layout.activity_welcome);
        initViews();
        initEvents();
        initAvatarsItem();
        showWelcomeAnimation();
    }
    @Override
    protected void initViews() {
        mLinearCtrlbar = (LinearLayout) findViewById(R.id.welcome_linear_ctrlbar);
        mLinearAvatars = (LinearLayout) findViewById(R.id.welcome_linear_avatars);
        mBtnRegister = (Button) findViewById(R.id.welcome_btn_register);
        mBtnLogin = (Button) findViewById(R.id.welcome_btn_login);
        mIbtnAbout = (ImageButton) findViewById(R.id.welcome_ibtn_about);
    }
    @Override
    protected void initEvents() {
        mBtnRegister.setOnClickListener(this);
        mBtnLogin.setOnClickListener(this);
        mIbtnAbout.setOnClickListener(this);
    }
    private void initAvatarsItem() {
        initMemberBlocks();
        for (int i = 0; i < mMemberBlocks.length; i++) {
            ((ImageView) mMemberBlocks[i]
                    .findViewById(R.id.welcome_item_iv_avatar))
            .setImageBitmap(mApplication.getAvatar(mAvatars[i]));
            ((HandyTextView) mMemberBlocks[i]
                    .findViewById(R.id.welcome_item_htv_distance))
                    .setText(mDistances[i]);
        }
    }

    private void initMemberBlocks() {
        mMemberBlocks = new View[6];
        mMemberBlocks[0] = findViewById(R.id.welcome_include_member_avatar_block0);
        mMemberBlocks[1] = findViewById(R.id.welcome_include_member_avatar_block1);
        mMemberBlocks[2] = findViewById(R.id.welcome_include_member_avatar_block2);
        mMemberBlocks[3] = findViewById(R.id.welcome_include_member_avatar_block3);
        mMemberBlocks[4] = findViewById(R.id.welcome_include_member_avatar_block4);
```

```java
        mMemberBlocks[5] = findViewById(R.id.welcome_include_member_avatar_block5);

        int margin = (int) TypedValue.applyDimension(
                TypedValue.COMPLEX_UNIT_DIP, 4, getResources()
                        .getDisplayMetrics());
        int widthAndHeight = (mScreenWidth - margin * 12) / 6;
        for (int i = 0; i < mMemberBlocks.length; i++) {
            ViewGroup.LayoutParams params = mMemberBlocks[i].findViewById(
                    R.id.welcome_item_iv_avatar).getLayoutParams();
            params.width = widthAndHeight;
            params.height = widthAndHeight;
            mMemberBlocks[i].findViewById(R.id.welcome_item_iv_avatar)
                    .setLayoutParams(params);
        }
        mLinearAvatars.invalidate();
    }
    private void showWelcomeAnimation() {
        Animation animation = AnimationUtils.loadAnimation(
                WelcomeActivity.this, R.anim.welcome_ctrlbar_slideup);
        animation.setAnimationListener(new AnimationListener() {

            @Override
            public void onAnimationStart(Animation animation) {
                mLinearAvatars.setVisibility(View.GONE);
            }

            @Override
            public void onAnimationRepeat(Animation animation) {

            }

            @Override
            public void onAnimationEnd(Animation animation) {
                new Handler().postDelayed(new Runnable() {
                    @Override
                    public void run() {
                        mLinearAvatars.setVisibility(View.VISIBLE);
                    }
                }, 800);
            }
```

```
            });
            mLinearCtrlbar.startAnimation(animation);
        }
        @Override
        public void onClick(View v) {
            switch (v.getId()) {

            case R.id.welcome_btn_register:
                startActivity(RegisterActivity.class);
                break;

            case R.id.welcome_btn_login:
                startActivity(LoginActivity.class);
                break;

            case R.id.welcome_ibtn_about:
                startActivity(AboutTabsActivity.class);
                break;
            }
        }
    }
```

12.3　实现系统注册界面

当在欢迎界面单击"注册"按钮后会跳转到系统注册界面，如图 12.2 所示。

图 12.2

本节将详细讲解系统注册界面的具体实现过程。

12.3.1 注册界面布局

系统注册的布局文件是 activity_register.xml，功能是在上方显示注册表单供用户输入 11 位手机号码，在下方显示"返回"和"下一步"按钮。文件 activity_register.xml 的具体实现代码如下：

```xml
<?xml version="1.0" encoding="utf-8"?>
<RelativeLayout xmlns:android="http://schemas.android.com/apk/res/android"
    android:layout_width="fill_parent"
    android:layout_height="fill_parent"
    android:background="@color/background_normal"
    android:orientation="vertical">
    <include
        android:id="@+id/reg_header"
        layout="@layout/include_header" />
    <LinearLayout
        android:layout_width="fill_parent"
        android:layout_height="fill_parent"
        android:layout_below="@+id/reg_header"
        android:orientation="vertical">
    <LinearLayout
            android:layout_width="fill_parent"
            android:layout_height="fill_parent"
            android:layout_weight="1"
            android:orientation="vertical">
        <ViewFlipper
                android:id="@+id/reg_vf_viewflipper"
                android:layout_width="fill_parent"
                android:layout_height="fill_parent"
                android:flipInterval="1000"
                android:persistentDrawingCache="animation">
            <include
                android:layout_width="fill_parent"
                android:layout_height="fill_parent"
                layout="@layout/include_register_phone" />
            <include
                android:layout_width="fill_parent"
                android:layout_height="fill_parent"
```

```xml
                            layout="@layout/include_register_verify" />
                    <include
                            android:layout_width="fill_parent"
                            android:layout_height="fill_parent"
                            layout="@layout/include_register_setpwd" />
                    <include
                            android:layout_width="fill_parent"
                            android:layout_height="fill_parent"
                            layout="@layout/include_register_baseinfo" />
                    <include
                            android:layout_width="fill_parent"
                            android:layout_height="fill_parent"
                            layout="@layout/include_register_birthday" />
                    <include
                            android:layout_width="fill_parent"
                            android:layout_height="fill_parent"
                            layout="@layout/include_register_photo" />
            </ViewFlipper>
    </LinearLayout>
    <LinearLayout
                    android:layout_width="fill_parent"
                    android:layout_height="wrap_content"
                    android:background="@drawable/bg_unlogin_bar"
                    android:gravity="center_vertical"
                    android:orientation="horizontal"
                    android:paddingBottom="4dip"
                    android:paddingLeft="8dip"
                    android:paddingRight="8dip"
                    android:paddingTop="4dip">
            <Button
                    android:id="@+id/reg_btn_previous"
                    android:layout_width="wrap_content"
                    android:layout_height="42dip"
                    android:layout_marginRight="9dip"
                    android:layout_weight="1"
                    android:background="@drawable/btn_bottombar"
                    android:gravity="center"
                    android:textColor="@color/profile_bottom_text_color"
                    android:textSize="14sp" />
```

```xml
                <Button
                        android:id="@+id/reg_btn_next"
                        android:layout_width="wrap_content"
                        android:layout_height="42dip"
                        android:layout_marginLeft="9dip"
                        android:layout_weight="1"
                        android:background="@drawable/btn_bottombar"
                        android:gravity="center"
                        android:textColor="@color/profile_bottom_text_color"
                        android:textSize="14sp" />
            </LinearLayout>
        </LinearLayout>
    <ImageView
            android:layout_width="fill_parent"
            android:layout_height="wrap_content"
            android:layout_below="@+id/reg_header"
            android:background="@drawable/bg_topbar_shadow"
            android:focusable="true" />
</RelativeLayout>
```

12.3.2　注册界面 Activity

注册界面 Activity 的实现文件是 RegisterActivity.java,功能是监听用户单击屏幕操作,根据用户在表单中输入的注册信息进行验证。文件 RegisterActivity.java 的具体实现代码如下所示:

```java
public class RegisterActivity extends BaseActivity implements OnClickListener,
        onNextActionListener {
    private HeaderLayout mHeaderLayout;
    private ViewFlipper mVfFlipper;
    private Button mBtnPrevious;
    private Button mBtnNext;
    private BaseDialog mBackDialog;
    private RegisterStep mCurrentStep;
    private StepPhone mStepPhone;
    private StepVerify mStepVerify;
    private StepSetPassword mStepSetPassword;
    private StepBaseInfo mStepBaseInfo;
    private StepBirthday mStepBirthday;
```

```java
    private StepPhoto mStepPhoto;
    private int mCurrentStepIndex = 1;
    @Override
    protected void onCreate(Bundle savedInstanceState) {
        super.onCreate(savedInstanceState);
        setContentView(R.layout.activity_register);
        initViews();
        mCurrentStep = initStep();
        initEvents();
        initBackDialog();
    }
    @Override
    protected void onDestroy() {
        PhotoUtils.deleteImageFile();
        super.onDestroy();
    }
    @Override
    protected void initViews() {
        mHeaderLayout = (HeaderLayout) findViewById(R.id.reg_header);
        mHeaderLayout.init(HeaderStyle.TITLE_RIGHT_TEXT);
        mVfFlipper = (ViewFlipper) findViewById(R.id.reg_vf_viewflipper);
        mVfFlipper.setDisplayedChild(0);
        mBtnPrevious = (Button) findViewById(R.id.reg_btn_previous);
        mBtnNext = (Button) findViewById(R.id.reg_btn_next);
    }
    @Override
    protected void initEvents() {
        mCurrentStep.setOnNextActionListener(this);
        mBtnPrevious.setOnClickListener(this);
        mBtnNext.setOnClickListener(this);
    }
    @Override
    public void onBackPressed() {
        if (mCurrentStepIndex <= 1) {
            mBackDialog.show();
        } else {
            doPrevious();
        }
    }
    @Override
```

```java
public void onClick(View arg0) {
    switch (arg0.getId()) {
    case R.id.reg_btn_previous:
        if (mCurrentStepIndex <= 1) {
            mBackDialog.show();
        } else {
            doPrevious();
        }
        break;

    case R.id.reg_btn_next:
        if (mCurrentStepIndex < 6) {
            doNext();
        } else {
            if (mCurrentStep.validate()) {
                mCurrentStep.doNext();
            }
        }
        break;
    }
}
@SuppressWarnings("deprecation")
@Override
protected void onActivityResult(int requestCode, int resultCode, Intent data) {
    super.onActivityResult(requestCode, resultCode, data);
    switch (requestCode) {
    case PhotoUtils.INTENT_REQUEST_CODE_ALBUM:
        if (data == null) {
            return;
        }
        if (resultCode == RESULT_OK) {
            if (data.getData() == null) {
                return;
            }
            if (!FileUtils.isSdcardExist()) {
                showCustomToast("SD 卡不可用,请检查");
                return;
            }
            Uri uri = data.getData();
            String[] proj = { MediaStore.Images.Media.DATA };
```

```
                    Cursor cursor = managedQuery(uri, proj, null, null, null);
                    if (cursor != null) {
                        int column_index = cursor
                    .getColumnIndexOrThrow(MediaStore.Images.Media.DATA);
                        if (cursor.getCount() > 0 && cursor.moveToFirst()) {
                            String path = cursor.getString(column_index);
                            Bitmap bitmap = BitmapFactory.decodeFile(path);
                            if (PhotoUtils.bitmapIsLarge(bitmap)) {
                                PhotoUtils.cropPhoto(this, this, path);
                            } else {
                                mStepPhoto.setUserPhoto(bitmap);
                            }
                        }
                    }
                }
                break;
            case PhotoUtils.INTENT_REQUEST_CODE_CAMERA:
                if (resultCode == RESULT_OK) {
                    String path = mStepPhoto.getTakePicturePath();
                    Bitmap bitmap = BitmapFactory.decodeFile(path);
                    if (PhotoUtils.bitmapIsLarge(bitmap)) {
                        PhotoUtils.cropPhoto(this, this, path);
                    } else {
                        mStepPhoto.setUserPhoto(bitmap);
                    }
                }
                break;
            case PhotoUtils.INTENT_REQUEST_CODE_CROP:
                if (resultCode == RESULT_OK) {
                    String path = data.getStringExtra("path");
                    if (path != null) {
                        Bitmap bitmap = BitmapFactory.decodeFile(path);
                        if (bitmap != null) {
                            mStepPhoto.setUserPhoto(bitmap);
                        }
                    }
                }
                break;
        }
    }
```

```java
@Override
public void next() {
    mCurrentStepIndex++;
    mCurrentStep = initStep();
    mCurrentStep.setOnNextActionListener(this);
    mVfFlipper.setInAnimation(this, R.anim.push_left_in);
    mVfFlipper.setOutAnimation(this, R.anim.push_left_out);
    mVfFlipper.showNext();
}

private RegisterStep initStep() {
    switch (mCurrentStepIndex) {
    case 1:
        if (mStepPhone == null) {
            mStepPhone = new StepPhone(this, mVfFlipper.getChildAt(0));
        }
        mHeaderLayout.setTitleRightText("注册新账号", null, "1/6");
        mBtnPrevious.setText("返    回");
        mBtnNext.setText("下一步");
        return mStepPhone;

    case 2:
        if (mStepVerify == null) {
            mStepVerify = new StepVerify(this, mVfFlipper.getChildAt(1));
        }
        mHeaderLayout.setTitleRightText("填写验证码", null, "2/6");
        mBtnPrevious.setText("上一步");
        mBtnNext.setText("下一步");
        return mStepVerify;

    case 3:
        if (mStepSetPassword == null) {
            mStepSetPassword = new StepSetPassword(this,
                    mVfFlipper.getChildAt(2));
        }
        mHeaderLayout.setTitleRightText("设置密码", null, "3/6");
        mBtnPrevious.setText("上一步");
        mBtnNext.setText("下一步");
        return mStepSetPassword;
```

```
            case 4:
                if (mStepBaseInfo == null) {
                    mStepBaseInfo = new StepBaseInfo(this, mVfFlipper.getChildAt(3));
                }
                mHeaderLayout.setTitleRightText("填写基本资料", null, "4/6");
                mBtnPrevious.setText("上一步");
                mBtnNext.setText("下一步");
                return mStepBaseInfo;

            case 5:
                if (mStepBirthday == null) {
                    mStepBirthday = new StepBirthday(this, mVfFlipper.getChildAt(4));
                }
                mHeaderLayout.setTitleRightText("您的生日", null, "5/6");
                mBtnPrevious.setText("上一步");
                mBtnNext.setText("下一步");
                return mStepBirthday;

            case 6:
                if (mStepPhoto == null) {
                    mStepPhoto = new StepPhoto(this, mVfFlipper.getChildAt(5));
                }
                mHeaderLayout.setTitleRightText("设置头像", null, "6/6");
                mBtnPrevious.setText("上一步");
                mBtnNext.setText("注        册");
                return mStepPhoto;
        }
        return null;
    }

    private void doPrevious() {
        mCurrentStepIndex--;
        mCurrentStep = initStep();
        mCurrentStep.setOnNextActionListener(this);
        mVfFlipper.setInAnimation(this, R.anim.push_right_in);
        mVfFlipper.setOutAnimation(this, R.anim.push_right_out);
        mVfFlipper.showPrevious();
    }
    private void doNext() {
```

```java
        if (mCurrentStep.validate()) {
            if (mCurrentStep.isChange()) {
                mCurrentStep.doNext();
            } else {
                next();
            }
        }
    }
    private void initBackDialog() {
        mBackDialog = BaseDialog.getDialog(RegisterActivity.this, "提示",
                "确认要放弃注册么?", "确认", new DialogInterface.OnClickListener() {

                    @Override
                    public void onClick(DialogInterface dialog, int which) {
                        dialog.dismiss();
                        finish();
                    }
                }, "取消", new DialogInterface.OnClickListener() {

                    @Override
                    public void onClick(DialogInterface dialog, int which) {
                        dialog.cancel();
                    }
                });
        mBackDialog.setButton1Background(R.drawable.btn_default_popsubmit);

    }
    @Override
    protected void putAsyncTask(AsyncTask<Void, Void, Boolean> asyncTask) {
        super.putAsyncTask(asyncTask);
    }
    @Override
    protected void showCustomToast(String text) {
        super.showCustomToast(text);
    }
    @Override
    protected void showLoadingDialog(String text) {
        super.showLoadingDialog(text);
    }
```

```
@Override
protected void dismissLoadingDialog() {
    super.dismissLoadingDialog();
}
protected int getScreenWidth() {
    return mScreenWidth;
}
protected BaseApplication getBaseApplication() {
    return mApplication;
}
protected String getPhoneNumber() {
    if (mStepPhone != null) {
        return mStepPhone.getPhoneNumber();
    }
    return "";
}

}
```

如果注册手机号合法，则弹出验证码界面，如图 12.3 所示。

图 12.3

12.3.3　输入验证码界面

输入验证码界面 Activity 的实现文件是 StepVerify.java，功能是验证用户输入的验证号码是否合法。在本系统中，设置的固定验证号码是 "123456"。文件 StepVerify.java 的具体实现代码如下所示：

```java
public class StepVerify extends RegisterStep implements OnClickListener,
    TextWatcher {

    private HandyTextView mHtvPhoneNumber;
    private EditText mEtVerifyCode;
    private Button mBtnResend;
    private HandyTextView mHtvNoCode;
    private static final String PROMPT = "验证码已经发送到* ";
    private static final String DEFAULT_VALIDATE_CODE = "123456";
    private boolean mIsChange = true;
    private String mVerifyCode;
    private int mReSendTime = 60;
    private BaseDialog mBaseDialog;

    public StepVerify(RegisterActivity activity, View contentRootView) {
        super(activity, contentRootView);
        handler.sendEmptyMessage(0);
    }

    @Override
    public void initViews() {
        mHtvPhoneNumber = (HandyTextView) findViewById(R.id.reg_verify_htv_phonenumber);
        mHtvPhoneNumber.setText(PROMPT + getPhoneNumber());
        mEtVerifyCode = (EditText) findViewById(R.id.reg_verify_et_verifycode);
        mBtnResend = (Button) findViewById(R.id.reg_verify_btn_resend);
        mBtnResend.setEnabled(false);
        mBtnResend.setText("重发(60)");
        mHtvNoCode = (HandyTextView) findViewById(R.id.reg_verify_htv_nocode);
        TextUtils.addUnderlineText(mContext, mHtvNoCode, 0, mHtvNoCode
                .getText().toString().length());
    }

    @Override
    public void initEvents() {
        mBtnResend.setOnClickListener(this);
        mHtvNoCode.setOnClickListener(this);
        mEtVerifyCode.addTextChangedListener(this);
    }

    @Override
```

```java
public void doNext() {
    putAsyncTask(new AsyncTask<Void, Void, Boolean>() {

        @Override
        protected void onPreExecute() {
            super.onPreExecute();
            showLoadingDialog("正在验证，请稍候...");
        }
        @Override
        protected Boolean doInBackground(Void... params) {
            try {
                Thread.sleep(2000);
                if (DEFAULT_VALIDATE_CODE.equals(mVerifyCode)) {
                    return true;
                }
            } catch (InterruptedException e) {

            }
            return false;
        }
        @Override
        protected void onPostExecute(Boolean result) {
            super.onPostExecute(result);
            dismissLoadingDialog();
            if (result) {
                mIsChange = false;
                mOnNextActionListener.next();
            } else {
                mBaseDialog = BaseDialog.getDialog(mContext, "提示", "验证码错误",
                    "确认", new DialogInterface.OnClickListener() {

                        @Override
                        public void onClick(DialogInterface dialog,
                                int which) {
                            mEtVerifyCode.requestFocus();
                            dialog.dismiss();
                        }

                    });
                mBaseDialog.show();
```

```
                }
            }

        });
    }
    @Override
    public boolean validate() {
        if (isNull(mEtVerifyCode)) {
            showCustomToast("请输入验证码");
            mEtVerifyCode.requestFocus();
            return false;
        }
        mVerifyCode = mEtVerifyCode.getText().toString().trim();
        return true;
    }
    @Override
    public boolean isChange() {
        return mIsChange;
    }
    @Override
    public void onClick(View v) {
        switch (v.getId()) {
        case R.id.reg_verify_btn_resend:
            handler.sendEmptyMessage(0);
            break;

        case R.id.reg_verify_htv_nocode:
            showCustomToast("抱歉,暂时不支持此操作");
            break;
        }
    }
    @Override
    public void afterTextChanged(Editable s) {

    }
    @Override
    public void beforeTextChanged(CharSequence s, int start, int count,
            int after) {
    }
    @Override
```

```java
public void onTextChanged(CharSequence s, int start, int before, int count) {
    mIsChange = true;
}
Handler handler = new Handler() {
    @Override
    public void handleMessage(Message msg) {
        super.handleMessage(msg);
        if (mReSendTime > 1) {
            mReSendTime--;
            mBtnResend.setEnabled(false);
            mBtnResend.setText("重发(" + mReSendTime + ")");
            handler.sendEmptyMessageDelayed(0, 1000);
        } else {
            mReSendTime = 60;
            mBtnResend.setEnabled(true);
            mBtnResend.setText("重        发");
        }
    }
};

}
```

12.3.4　设置密码界面 Activity

如果输入的验证码合法，单击"下一步"按钮后会跳转到设置密码界面，在界面上方显示两个文本框供用户输入登录密码和确认密码，在界面下方显示"上一步"和"下一步"按钮，如图 12.4 所示。

图 12.4

设置密码界面 Activity 的实现文件是 StepSetPassword.java，功能是验证注册用户输入的两个密码是否完全一致并且在 6 位以上。文件 StepSetPasswrod.java 的具体实现代码如下所示：

```java
public class StepSetPassword extends RegisterStep implements TextWatcher {
    private EditText mEtPwd;
    private EditText mEtRePwd;
    private boolean mIsChange = true;
    public StepSetPassword(RegisterActivity activity, View contentRootView) {
        super(activity, contentRootView);
    }
    @Override
    public void initViews() {
        mEtPwd = (EditText) findViewById(R.id.reg_setpwd_et_pwd);
        mEtRePwd = (EditText) findViewById(R.id.reg_setpwd_et_repwd);
    }
    @Override
    public void initEvents() {
        mEtPwd.addTextChangedListener(this);
        mEtRePwd.addTextChangedListener(this);
    }

    @Override
    public void doNext() {
        mIsChange = false;
        mOnNextActionListener.next();
    }
    @Override
    public boolean validate() {
        String pwd = null;
        String rePwd = null;
        if (isNull(mEtPwd)) {
            showCustomToast("请输入密码");
            mEtPwd.requestFocus();
            return false;
        } else {
            pwd = mEtPwd.getText().toString().trim();
            if (pwd.length() < 6) {
                showCustomToast("密码不能小于 6 位");
                mEtPwd.requestFocus();
                return false;
```

```
                }
            }
            if (isNull(mEtRePwd)) {
                showCustomToast("请重复输入一次密码");
                mEtRePwd.requestFocus();
                return false;
            } else {
                rePwd = mEtRePwd.getText().toString().trim();
                if (!pwd.equals(rePwd)) {
                    showCustomToast("两次输入的密码不一致");
                    mEtRePwd.requestFocus();
                    return false;
                }
            }
        }
        return true;
    }
    @Override
    public boolean isChange() {
        return mIsChange;
    }
    @Override
    public void afterTextChanged(Editable s) {

    }
    @Override
    public void beforeTextChanged(CharSequence s, int start, int count,
            int after) {

    }
    @Override
    public void onTextChanged(CharSequence s, int start, int before, int count) {
        mIsChange = true;
    }

}
```

12.3.5　设置用户界面 Activity

如果输入的密码合法，单击"下一步"按钮会跳转到设置用户界面，在界面上显示一个文本框供用户输入用户名，显示一个单选按钮供用户选择性别，在界面下方显示"上一步"或"下一步"按钮，如图 12.5 所示。

图 12.5

设置用户界面 Activity 的实现文件是 StepBaseInfo.java，功能是验证是否输入用户名并选择性别。文件 StepBaseInfo.java 的具体实现代码如下所示：

```java
public class StepBaseInfo extends RegisterStep implements TextWatcher,
    OnCheckedChangeListener {
    private EditText mEtName;
    private RadioGroup mRgGender;
    private RadioButton mRbMale;
    private RadioButton mRbFemale;
    private boolean mIsChange = true;
    private boolean mIsGenderAlert;
    private BaseDialog mBaseDialog;

    public StepBaseInfo(RegisterActivity activity, View contentRootView) {
        super(activity, contentRootView);
    }

    @Override
    public void initViews() {
        mEtName = (EditText) findViewById(R.id.reg_baseinfo_et_name);
        mRgGender = (RadioGroup) findViewById(R.id.reg_baseinfo_rg_gender);
        mRbMale = (RadioButton) findViewById(R.id.reg_baseinfo_rb_male);
        mRbFemale = (RadioButton) findViewById(R.id.reg_baseinfo_rb_female);
    }
    @Override
    public void initEvents() {
        mEtName.addTextChangedListener(this);
        mRgGender.setOnCheckedChangeListener(this);
```

```java
    }
    @Override
    public void doNext() {
        mOnNextActionListener.next();
    }
    @Override
    public boolean validate() {
        if (isNull(mEtName)) {
            showCustomToast("请输入用户名");
            mEtName.requestFocus();
            return false;
        }
        if (mRgGender.getCheckedRadioButtonId() < 0) {
            showCustomToast("请选择性别");
            return false;
        }
        return true;
    }
    @Override
    public boolean isChange() {
        return mIsChange;
    }

    @Override
    public void onCheckedChanged(RadioGroup group, int checkedId) {
        mIsChange = true;
        if (!mIsGenderAlert) {
            mIsGenderAlert = true;
            mBaseDialog = BaseDialog.getDialog(mContext,"提示","注册成功后性别将不可更改",
                    "确认", new DialogInterface.OnClickListener() {

                        @Override
                        public void onClick(DialogInterface dialog, int which) {
                            dialog.dismiss();
                        }
                    });
            mBaseDialog.show();
        }
        switch (checkedId) {
        case R.id.reg_baseinfo_rb_male:
```

```
        mRbMale.setChecked(true);
        break;

    case R.id.reg_baseinfo_rb_female:
        mRbFemale.setChecked(true);
        break;
    }
}
@Override
public void afterTextChanged(Editable s) {

}
@Override
public void beforeTextChanged(CharSequence s, int start, int count,
        int after) {
}
@Override
public void onTextChanged(CharSequence s, int start, int before, int count) {
    mIsChange = true;
}
}
```

12.3.6　设置生日界面 Activity

如果设置的用户名和性别合法，单击"下一步"按钮后会跳转到设置生日界面，在界面上方显示年、月、日，供用户选择生日，再单击下方"上一步"和"下一步"按钮，如图 12.6 所示。

图 12.6

设置生日界面 Activity 的实现文件是 StepBirthday.java，功能是验证用户设置的年龄的合法性，系统要求的合法年龄范围在"12~100"岁之间。文件 StepBirthday.java 的具体实现代码如下所示：

```java
public class StepBirthday extends RegisterStep implements OnDateChangedListener {
    private HandyTextView mHtvConstellation;
    private HandyTextView mHtvAge;
    private DatePicker mDpBirthday;
    private Calendar mCalendar;
    private Date mMinDate;
    private Date mMaxDate;
    private Date mSelectDate;
    private static final int MAX_AGE = 100;
    private static final int MIN_AGE = 12;

    public StepBirthday(RegisterActivity activity, View contentRootView) {
        super(activity, contentRootView);
        initData();

    }
    private void flushBirthday(Calendar calendar) {
        String constellation = TextUtils.getConstellation(
                calendar.get(Calendar.MONTH),
                calendar.get(Calendar.DAY_OF_MONTH));
        mSelectDate = calendar.getTime();
        mHtvConstellation.setText(constellation);
        int age = TextUtils.getAge(calendar.get(Calendar.YEAR),
                calendar.get(Calendar.MONTH),
                calendar.get(Calendar.DAY_OF_MONTH));
        mHtvAge.setText(age + "");
    }
    private void initData() {
        mSelectDate = DateUtils.getDate("19900101");

        Calendar mMinCalendar = Calendar.getInstance();
        Calendar mMaxCalendar = Calendar.getInstance();

        mMinCalendar.set(Calendar.YEAR, mMinCalendar.get(Calendar.YEAR)
                - MIN_AGE);
        mMinDate = mMinCalendar.getTime();
```

```java
        mMaxCalendar.set(Calendar.YEAR, mMaxCalendar.get(Calendar.YEAR)
                - MAX_AGE);
        mMaxDate = mMaxCalendar.getTime();

        mCalendar = Calendar.getInstance();
        mCalendar.setTime(mSelectDate);
        flushBirthday(mCalendar);
        mDpBirthday.init(mCalendar.get(Calendar.YEAR),
                mCalendar.get(Calendar.MONTH),
                mCalendar.get(Calendar.DAY_OF_MONTH), this);
    }

    @Override
    public void initViews() {
        mHtvConstellation = (HandyTextView) findViewById(R.id.reg_birthday_htv_constellation);
        mHtvAge = (HandyTextView) findViewById(R.id.reg_birthday_htv_age);
        mDpBirthday = (DatePicker) findViewById(R.id.reg_birthday_dp_birthday);
    }

    @Override
    public void initEvents() {

    }

    @Override
    public void doNext() {
        mOnNextActionListener.next();
    }

    @Override
    public boolean validate() {
        return true;
    }

    @Override
    public boolean isChange() {
        return false;
    }

    @Override
    public void onDateChanged(DatePicker view, int year, int monthOfYear,
            int dayOfMonth) {
        mCalendar = Calendar.getInstance();
        mCalendar.set(year, monthOfYear, dayOfMonth);
```

```
        if (mCalendar.getTime().after(mMinDate)
                || mCalendar.getTime().before(mMaxDate)) {
            mCalendar.setTime(mSelectDate);
            mDpBirthday.init(mCalendar.get(Calendar.YEAR),
                    mCalendar.get(Calendar.MONTH),
                    mCalendar.get(Calendar.DAY_OF_MONTH), this);
        } else {
            flushBirthday(mCalendar);
        }
    }
}
```

12.3.7　设置头像界面 Activity

如果设置的年龄合法，单击"下一步"按钮后会跳转到设置头像界面，在界面上方显示选择图片按钮供用户快速设置头像，在界面下方显示"上一步"和"注册"按钮，如图12.7 所示。

图 12.7

设置头像界面 Activity 的实现文件是 StepPhone.java，功能是验证用户是否设置了头像。文件 StepPhoto.java 的具体实现代码如下：

```
public class StepPhoto extends RegisterStep implements OnClickListener {

    private HandyTextView mHtvRecommendation;
    private ImageView mIvUserPhoto;
    private LinearLayout mLayoutSelectPhoto;
    private LinearLayout mLayoutTakePicture;
```

```java
    private LinearLayout mLayoutAvatars;
    private View[] mMemberBlocks;
    private String[] mAvatars = new String[] { "welcome_0", "welcome_1",
            "welcome_2", "welcome_3", "welcome_4", "welcome_5" };
    private String[] mDistances = new String[] { "0.84km", "1.02km", "1.34km",
            "1.88km", "2.50km", "2.78km" };
    private String mTakePicturePath;
    private Bitmap mUserPhoto;
    private EditTextDialog mEditTextDialog;
    public StepPhoto(RegisterActivity activity, View contentRootView) {
        super(activity, contentRootView);
        initAvatarsItem();
    }
    private void initAvatarsItem() {
        initMemberBlocks();
        for (int i = 0; i < mMemberBlocks.length; i++) {
            ((ImageView) mMemberBlocks[i]
                    .findViewById(R.id.welcome_item_iv_avatar))
                    .setImageBitmap(getBaseApplication().getAvatar(mAvatars[i]));
            ((HandyTextView) mMemberBlocks[i]
                    .findViewById(R.id.welcome_item_htv_distance))
                    .setText(mDistances[i]);
        }
    }
    private void initMemberBlocks() {
        mMemberBlocks = new View[6];
        mMemberBlocks[0] = findViewById(R.id.reg_photo_include_member_avatar_block0);
        mMemberBlocks[1] = findViewById(R.id.reg_photo_include_member_avatar_block1);
        mMemberBlocks[2] = findViewById(R.id.reg_photo_include_member_avatar_block2);
        mMemberBlocks[3] = findViewById(R.id.reg_photo_include_member_avatar_block3);
        mMemberBlocks[4] = findViewById(R.id.reg_photo_include_member_avatar_block4);
        mMemberBlocks[5] = findViewById(R.id.reg_photo_include_member_avatar_block5);

        int margin = (int) TypedValue.applyDimension(
                TypedValue.COMPLEX_UNIT_DIP, 4, mContext.getResources()
                        .getDisplayMetrics());
        int widthAndHeight = (getScreenWidth() - margin * 12) / 6;
        for (int i = 0; i < mMemberBlocks.length; i++) {
            ViewGroup.LayoutParams params = mMemberBlocks[i].findViewById(
```

```
                        R.id.welcome_item_iv_avatar).getLayoutParams();
            params.width = widthAndHeight;
            params.height = widthAndHeight;
            mMemberBlocks[i].findViewById(R.id.welcome_item_iv_avatar)
                    .setLayoutParams(params);
        }
        mLayoutAvatars.invalidate();
    }
    public void setUserPhoto(Bitmap bitmap) {
        if (bitmap != null) {
            mUserPhoto = bitmap;
            mIvUserPhoto.setImageBitmap(mUserPhoto);
            return;
        }
        showCustomToast("未获取到图片");
        mUserPhoto = null;
mIvUserPhoto.setImageResource(R.drawable.ic_common_def_header);
    }
    public String getTakePicturePath() {
        return mTakePicturePath;
    }
    @Override
    public void initViews() {
mHtvRecommendation=(HandyTextView)findViewById(R.id.reg_photo_htv_recommendation);
        mIvUserPhoto = (ImageView) findViewById(R.id.reg_photo_iv_userphoto);
        mLayoutSelectPhoto = (LinearLayout) findViewById(R.id.reg_photo_layout_selectphoto);
        mLayoutTakePicture = (LinearLayout) findViewById(R.id.reg_photo_layout_takepicture);
        mLayoutAvatars = (LinearLayout) findViewById(R.id.reg_photo_layout_avatars);
    }
    @Override
    public void initEvents() {
        mHtvRecommendation.setOnClickListener(this);
        mLayoutSelectPhoto.setOnClickListener(this);
        mLayoutTakePicture.setOnClickListener(this);
    }
    @Override
    public boolean validate() {
        if (mUserPhoto == null) {
            showCustomToast("请添加头像");
```

```
            return false;
        }
    return true;
}
@Override
public void doNext() {
    putAsyncTask(new AsyncTask<Void, Void, Boolean>() {

        @Override
        protected void onPreExecute() {
            super.onPreExecute();
            showLoadingDialog("请稍候，正在提交...");
        }
        @Override
        protected Boolean doInBackground(Void... params) {
            try {
                Thread.sleep(2000);
                return true;
            } catch (InterruptedException e) {

            }
            return false;
        }
    @Override
        protected void onPostExecute(Boolean result) {
            super.onPostExecute(result);
            dismissLoadingDialog();
            if (result) {
                mActivity.finish();
            }
        }

    });
}
@Override
public boolean isChange() {
    return false;
}
@Override
```

```java
Public void onClick(View v) {
    switch (v.getId()) {
    case R.id.reg_photo_htv_recommendation:
        mEditTextDialog = new EditTextDialog(mContext);
        mEditTextDialog.setTitle("填写推荐人");
        mEditTextDialog.setButton("取消",
                new DialogInterface.OnClickListener() {
                    @Override
                    public void onClick(DialogInterface dialog, int which) {
                        mEditTextDialog.cancel();
                    }
                }, "确认", new DialogInterface.OnClickListener() {

                    @Override
                    public void onClick(DialogInterface dialog, int which) {
                        String text = mEditTextDialog.getText();
                        if (text == null) {
                            mEditTextDialog.requestFocus();
                            showCustomToast("请输入推荐人号码");
                        } else {
                            mEditTextDialog.dismiss();
                            showCustomToast("您输入的推荐人号码为:" + text);
                        }
                    }
                });
        mEditTextDialog.show();
        break;

    case R.id.reg_photo_layout_selectphoto:
        PhotoUtils.selectPhoto(mActivity);
        break;

    case R.id.reg_photo_layout_takepicture:
        mTakePicturePath = PhotoUtils.takePicture(mActivity);
        break;
    }

}

}
```

设置头像完毕后，单击"注册"按钮完成注册。

12.4 实现系统主界面

当用户输入合法的注册信息登录陌陌后，会首先显示系统主界面，如图 12.8 所示。

图 12.8

12.4.1 主界面布局

系统主界面的布局文件是 activity_maintabs.xml，功能是使用 TabWidget 控件将屏幕界面分割成 5 个部分。文件 activity_maintabs.xml 的具体实现代码如下所示：

```
<?xml version="1.0" encoding="utf-8"?>
<TabHost xmlns:android="http://schemas.android.com/apk/res/android"
    android:id="@android:id/tabhost"
    android:layout_width="fill_parent"
    android:layout_height="fill_parent">

    <LinearLayout
        android:layout_width="fill_parent"
        android:layout_height="wrap_content"
        android:background="#ffffffff">

        <RelativeLayout
```

```
            android:layout_width="fill_parent"
            android:layout_height="wrap_content">

            <FrameLayout
                android:id="@android:id/tabcontent"
                android:layout_width="fill_parent"
                android:layout_height="fill_parent"
                android:layout_above="@android:id/tabs"
                android:background="@color/background_normal" />

            <TabWidget
                android:id="@android:id/tabs"
                android:layout_width="fill_parent"
                android:layout_height="wrap_content"
                android:layout_alignParentBottom="true"
                android:divider="@null" />
        </RelativeLayout>
    </LinearLayout>

</TabHost>
```

12.4.2　实现主界面 Activity

主界面 Activity 的实现文件是 MainTabActivity.java，功能是通过函数 initTabs()初始化显示 TabWidget 控件的内容，默认设置为显示"附近的人"。文件 MainTabActivity.java 的具体实现代码如下所示：

```java
public class MainTabActivity extends TabActivity {
    private TabHost mTabHost;

    @Override
    protected void onCreate(Bundle savedInstanceState) {
        super.onCreate(savedInstanceState);
        setContentView(R.layout.activity_maintabs);
        initViews();
        initTabs();
    }

    private void initViews() {
        mTabHost = getTabHost();
```

```java
    }

    private void initTabs() {
        LayoutInflater inflater = LayoutInflater.from(MainTabActivity.this);

        View nearbyView = inflater.inflate(
                R.layout.common_bottombar_tab_nearby, null);
        TabHost.TabSpec nearbyTabSpec = mTabHost.newTabSpec(
                NearByActivity.class.getName()).setIndicator(nearbyView);
        nearbyTabSpec.setContent(new Intent(MainTabActivity.this,
                NearByActivity.class));
        mTabHost.addTab(nearbyTabSpec);

        View nearbyFeedsView = inflater.inflate(
                R.layout.common_bottombar_tab_site, null);
        TabHost.TabSpec nearbyFeedsTabSpec = mTabHost.newTabSpec(
                NearByFeedsActivity.class.getName()).setIndicator(
                nearbyFeedsView);
        nearbyFeedsTabSpec.setContent(new Intent(MainTabActivity.this,
                NearByFeedsActivity.class));
        mTabHost.addTab(nearbyFeedsTabSpec);

        View sessionListView = inflater.inflate(
                R.layout.common_bottombar_tab_chat, null);
        TabHost.TabSpec sessionListTabSpec = mTabHost.newTabSpec(
                SessionListActivity.class.getName()).setIndicator(
                sessionListView);
        sessionListTabSpec.setContent(new Intent(MainTabActivity.this,
                SessionListActivity.class));
        mTabHost.addTab(sessionListTabSpec);

        View contactView = inflater.inflate(
                R.layout.common_bottombar_tab_friend, null);
        TabHost.TabSpec contactTabSpec = mTabHost.newTabSpec(
                ContactTabsActivity.class.getName()).setIndicator(contactView);
        contactTabSpec.setContent(new Intent(MainTabActivity.this,
                ContactTabsActivity.class));
        mTabHost.addTab(contactTabSpec);
```

```
            View userSettingView = inflater.inflate(
                    R.layout.common_bottombar_tab_profile, null);
            TabHost.TabSpec userSettingTabSpec = mTabHost.newTabSpec(
                    UserSettingActivity.class.getName()).setIndicator(
                    userSettingView);
            userSettingTabSpec.setContent(new Intent(MainTabActivity.this,
                    UserSettingActivity.class));
            mTabHost.addTab(userSettingTabSpec);


        }
    }
```

12.4.3　实现"附近的人"界面

在系统主界面中，中间大部分内容显示的是系统附近的人信息，此功能的实现布局文件是 common_bottombar_tab_nearby.xml，具体实现代码如下：

```xml
<?xml version="1.0" encoding="utf-8"?>
<RelativeLayout xmlns:android="http://schemas.android.com/apk/res/android"
    android:layout_width="0dip"
    android:layout_height="40dip"
    android:layout_weight="1"
    android:background="@drawable/bg_tb_item_center"
    android:paddingBottom="2dip">

    <com.immomo.momo.android.view.HandyTextView
        android:layout_width="wrap_content"
        android:layout_height="wrap_content"
        android:layout_centerInParent="true"
        android:drawableTop="@drawable/ic_tab_nearby"
        android:gravity="center_horizontal"
        android:text="附近"
        android:textColor="@color/maintab_text_color"
        android:textSize="11sp"
        android:shadowDx="0.0"
        android:shadowDy="-1.0"
        android:shadowRadius="1.0"/>

</RelativeLayout>
```

"附近的人"界面 Activity 的实现文件是 NearByActivity.java，功能是在顶部显示"附近"和"群组"和"个人"选项卡，并监听用户单击屏幕事件，根据用户操作执行对应的事件处理函数。例如单击搜索图片可以根据关键字快速检索附近的人。文件 NearByActivity.java 的具体实现代码如下所示：

```java
public class NearByActivity extends TabItemActivity {

    private HeaderLayout mHeaderLayout;
    private HeaderSpinner mHeaderSpinner;
    private NearByPeopleFragment mPeopleFragment;
    private NearByGroupFragment mGroupFragment;

    private NearByPopupWindow mPopupWindow;

    @Override
    protected void onCreate(Bundle savedInstanceState) {
        super.onCreate(savedInstanceState);
        setContentView(R.layout.activity_nearby);
        initPopupWindow();
        initViews();
        initEvents();
        init();
    }

    @Override
    protected void initViews() {
        mHeaderLayout = (HeaderLayout) findViewById(R.id.nearby_header);
        mHeaderLayout.initSearch(new OnSearchClickListener());
        mHeaderSpinner = mHeaderLayout.setTitleNearBy("附近",
                new OnSpinnerClickListener(), "附近群组",
                R.drawable.ic_topbar_search,
                new OnMiddleImageButtonClickListener(), "个人", "群组",
                new OnSwitcherButtonClickListener());
        mHeaderLayout.init(HeaderStyle.TITLE_NEARBY_PEOPLE);
    }

    @Override
    protected void initEvents() {

    }
```

```java
@Override
Protected void init() {
    mPeopleFragment = new NearByPeopleFragment(mApplication, this, this);
    mGroupFragment = new NearByGroupFragment(mApplication, this, this);
    FragmentTransaction ft = getSupportFragmentManager().beginTransaction();
    ft.replace(R.id.nearby_layout_content, mPeopleFragment).commit();
}


private void initPopupWindow() {
    mPopupWindow = new NearByPopupWindow(this);
    mPopupWindow.setOnSubmitClickListener(new onSubmitClickListener() {

        @Override
        public void onClick() {
            mPeopleFragment.onManualRefresh();
        }
    });
    mPopupWindow.setOnDismissListener(new OnDismissListener() {

        @Override
        public void onDismiss() {
            mHeaderSpinner.initSpinnerState(false);
        }
    });
}

public class OnSpinnerClickListener implements onSpinnerClickListener {

    @Override
    public void onClick(boolean isSelect) {
        if (isSelect) {
            mPopupWindow
                    .showViewTopCenter(findViewById(R.id.nearby_layout_root));
        } else {
            mPopupWindow.dismiss();
        }
    }
}
```

```java
public class OnSearchClickListener implements onSearchListener {

    @Override
    public void onSearch(EditText et) {
        String s = et.getText().toString().trim();
        if (TextUtils.isEmpty(s)) {
            showCustomToast("请输入搜索关键字");
            et.requestFocus();
        } else {
            ((InputMethodManager) getSystemService(INPUT_METHOD_SERVICE))
                    .hideSoftInputFromWindow(NearByActivity.this
                            .getCurrentFocus().getWindowToken(),
                            InputMethodManager.HIDE_NOT_ALWAYS);
            putAsyncTask(new AsyncTask<Void, Void, Boolean>() {

                @Override
                protected void onPreExecute() {
                    super.onPreExecute();
                    mHeaderLayout.changeSearchState(SearchState.SEARCH);
                }

                @Override
                protected Boolean doInBackground(Void... params) {
                    try {
                        Thread.sleep(2000);
                    } catch (InterruptedException e) {
                        e.printStackTrace();
                    }
                    return false;
                }

                @Override
                protected void onPostExecute(Boolean result) {
                    super.onPostExecute(result);
                    mHeaderLayout.changeSearchState(SearchState.INPUT);
                    showCustomToast("未找到搜索的群");
                }
            });
        }
```

```java
        }

    }

    public class OnMiddleImageButtonClickListener implements
        onMiddleImageButtonClickListener {

    @Override
        public void onClick() {
            mHeaderLayout.showSearch();
        }
    }

    public class OnSwitcherButtonClickListener implements
            onSwitcherButtonClickListener {

        @Override
        public void onClick(SwitcherButtonState state) {
            FragmentTransaction ft = getSupportFragmentManager()
                    .beginTransaction();
            ft.setCustomAnimations(R.anim.fragment_fadein,
                    R.anim.fragment_fadeout);
            switch (state) {
            case LEFT:
                mHeaderLayout.init(HeaderStyle.TITLE_NEARBY_PEOPLE);
                ft.replace(R.id.nearby_layout_content, mPeopleFragment)
                        .commit();
                break;

            case RIGHT:
                mHeaderLayout.init(HeaderStyle.TITLE_NEARBY_GROUP);
                ft.replace(R.id.nearby_layout_content, mGroupFragment).commit();
                break;
            }
        }

    }

    @Override
```

```java
public void onBackPressed() {
    if (mHeaderLayout.searchIsShowing()) {
        clearAsyncTask();
        mHeaderLayout.dismissSearch();
        mHeaderLayout.clearSearch();
        mHeaderLayout.changeSearchState(SearchState.INPUT);
    } else {
        finish();
    }
}
```

12.4.4　实现"附近的群组"界面

当点击顶部"群组"选项卡后，会在系统主界面中间显示"附近的群组"信息。此功能的实现布局文件是 fragment_nearbygroup.xml，具体实现代码如下所示：

```xml
<?xml version="1.0" encoding="utf-8"?>
<FrameLayout xmlns:android="http://schemas.android.com/apk/res/android"
    android:layout_width="fill_parent"
    android:layout_height="fill_parent"
    android:orientation="vertical">

    <com.immomo.momo.android.view.MoMoRefreshExpandableList
        android:id="@+id/nearby_group_mmrelv_list"
        android:layout_width="fill_parent"
        android:layout_height="fill_parent"
        android:cacheColorHint="@color/transparent"
        android:divider="@null"
        android:fadingEdge="none"
        android:listSelector="@drawable/list_selector_transition">
    </com.immomo.momo.android.view.MoMoRefreshExpandableList>

    <LinearLayout
        android:id="@+id/nearby_group_layout_cover"
        android:layout_width="fill_parent"
        android:layout_height="wrap_content"
        android:clickable="true">
        <include
            layout="@layout/include_nearby_group_header"
```

```
            android:visibility="invisible" />
    </LinearLayout>


</FrameLayout>
```

"附近的群组"界面 Activity 的实现文件是 NearByGroupFragment.java,功能是在系统主界面中间加载显示附近的群组信息,并通过 onRefresh()函数进行刷新以及显示最新的群。具体实现代码如下所示:

```java
public class NearByGroupFragment extends BaseFragment implements
        OnClickListener, OnItemClickListener, OnRefreshListener,
        OnCancelListener {
    private LinearLayout mLayoutCover;
    private MoMoRefreshExpandableList mMmrelvList;
    private NearByGroupAdapter mAdapter;

    public NearByGroupFragment() {
        super();
    }

    public NearByGroupFragment(BaseApplication application, Activity activity,
            Context context) {
        super(application, activity, context);
    }


    @Override
    public View onCreateView(LayoutInflater inflater, ViewGroup container,
            Bundle savedInstanceState) {
        mView = inflater.inflate(R.layout.fragment_nearbygroup, container,
                false);
        return super.onCreateView(inflater, container, savedInstanceState);
    }

    @Override
    protected void initViews() {
        mLayoutCover = (LinearLayout) findViewById(R.id.nearby_group_layout_cover);
        mMmrelvList=(MoMoRefreshExpandableList)
                findViewById(R.id.nearby_group_mmrelv_list);
    }

    @Override
```

```java
protected void initEvents() {
    mLayoutCover.setOnClickListener(this);
    mMmrelvList.setOnItemClickListener(this);
    mMmrelvList.setOnRefreshListener(this);
    mMmrelvList.setOnCancelListener(this);
}

@Override
protected void init() {
    getGroups();
}

private void getGroups() {
    if (mApplication.mNearByGroups.isEmpty()) {
        putAsyncTask(new AsyncTask<Void, Void, Boolean>() {

            @Override
            protected void onPreExecute() {
                super.onPreExecute();
                showLoadingDialog("正在加载，请稍候...");
            }

            @Override
            protected Boolean doInBackground(Void... params) {
                return JsonResolveUtils.resolveNearbyGroup(mApplication);
            }

            @Override
            protected void onPostExecute(Boolean result) {
                super.onPostExecute(result);
                dismissLoadingDialog();
                if (!result) {
                    showCustomToast("数据加载失败...");
                } else {
                    mAdapter = new NearByGroupAdapter(mApplication,
                            mContext, mApplication.mNearByGroups);
                    mMmrelvList.setAdapter(mAdapter);
                    mMmrelvList.setPinnedHeaderView(mActivity
                            .getLayoutInflater().inflate(
```

```
                                            R.layout.include_nearby_group_header,
                                        mMmrelvList, false));
                            }
                        }
                });
            } else {
                mAdapter = new NearByGroupAdapter(mApplication, mContext,
                        mApplication.mNearByGroups);
                mMmrelvList.setAdapter(mAdapter);
                mMmrelvList.setPinnedHeaderView(mActivity.getLayoutInflater()
                        .inflate(R.layout.include_nearby_group_header, mMmrelvList,
                                false));
            }
        }


    @Override
    public void onRefresh() {
        putAsyncTask(new AsyncTask<Void, Void, Boolean>() {


            @Override
            protected Boolean doInBackground(Void... params) {
                try {
                    Thread.sleep(2000);
                } catch (InterruptedException e) {


                }
                return null;
            }


            @Override
            protected void onPostExecute(Boolean result) {
                super.onPostExecute(result);
                mMmrelvList.onRefreshComplete();
            }
        });


    }
    @Override
    public void onCancel() {
```

```
        clearAsyncTask();
        mMmrelvList.onRefreshComplete();
    }
    @Override
    public void onItemClick(AdapterView<?> arg0, View arg1, int arg2, long arg3) {

    }
    @Override
    public void onClick(View v) {
        if (mMmrelvList.ismHeaderViewVisible()) {
            mAdapter.onPinnedHeaderClick(mMmrelvList.getFirstItemPosition());
        } else {
            mAdapter.onPinnedHeaderClick(1);
        }
    }
}
```

　　至此，本章交友系统的主要内容介绍完毕。篇幅所限，本书没有讲解找回密码、聊天交流、设置、留言板等内容。有关这方面的具体内容，将在课堂上具体讲解。